新年度講座生好評受付中!!

LINE
お役立ち教育情報がいっぱい!
全教研公式アカウント
LINE@
かんたん♪お友だち登録は今すぐ!
ID検索▶ ID @zenkyoken
または右上のバーコードから登録!

全教研コール・センター 10時~13時/14時~19時 ※日曜・祝日は17時まで
フリーダイヤル
0120-883-882
http://welcome.zenkyoken.com/ 全教研 検索

育て、学びのこころ
全教研

Entrance hall

Entrance hall

Lounge

Library

Lounge

アイランドシティ セントラルパーク香椎照葉

お問い合わせ先］アイランドシティ・照葉パビリオン　〒813-0017 福岡市東区香椎照葉1丁目3-11　（水曜定休）営業時間10時～18時

0120 0120-601-006　グランドメゾン 検索　SEKISUI HOUSE 積水ハウス株式会社

JR九州

JR九州初の学童保育

Kids JR 高取

2015年4月開業

2015年4月、JR九州初の学童保育施設「Kids JR」が、福岡市早良区に誕生。
お子さまの社会性や自立心を育むためのプログラム、保護者さまが安心して預けられる充実のサービスを備えた新しいアフタースクールです。

Kids JRの主な特長

- 安全と安心を第一に考えた預かりサービス。
- 専門の教育プログラムを受けたスタッフによる預かり。
- 社会性や自立性を育むプログラム。

確かな安心と、充実のプログラム。 PROGRAM

安全・安心を第一にお子さまをお預かりすることはもちろんのこと、マナーやコミュニケーション力を身につけるプログラムなどを実施し、お子さまの社会性や自立性を育むためのお手伝いをいたします。また、JR九州グループの特色を活かした体験型のイベントプログラム(就業体験など)も実施いたします。

保護者さまの視点に立った、きめ細やかなサービス。 SERVICE

- 基本預かり時間は、おおむね14時から19時まで(21時まで延長可)
  学校の長期休み期間は、おおむね8時から19時まで(21時まで延長可)
- 安心、快適な送迎サービス。
- お子さまの入退出を保護者さまへメールで通知。
- 習い事等の中抜け対応。
- 急病時の付き添い受診。
- 保護者さまに対する、写真を中心としたWeb上での日記形式の報告。

民間学童保育最大手の㈱キッズベースキャンプによるサポート。Kids JRは、学童保育施設の運営やコンサルティングを行う㈱キッズベースキャンプ(東急電鉄グループ)の協力のもと、お客さまにより一層喜ばれるサービス、プログラムを開発、展開していきます。 キッズベースキャンプ 検索

Kids JR 高取 福岡市早良区昭代3丁目7-9
地下鉄藤崎駅より徒歩12分、西鉄バス停「昭代三丁目」より徒歩1分
対象 周辺小学校の1年生から6年生までの児童 定員 55名(予定) 施設面積 約120

お問い合わせ先
九州旅客鉄道株式会社 事業開発本部 企画部 企画課 学童保育プロジェクト
TEL 092-474-3306 [平日9時から17時まで] HP www.kids-jr.com

Kids JR STAFF BLOG更新中!!

FFG ふくおかフィナンシャルグループ

あなたのいちばんに。

いちばん身近な銀行

お客さまの声に親身に心から耳を傾け、対話し、共に歩みます。

いちばん頼れる銀行

豊富な知識と情報を活かし、お客さま一人ひとりに最も適したサービスを提供します。

いちばん先を行く銀行

金融サービスのプロ集団として、すべての人の期待を超える提案を続けます。

福岡銀行　熊本銀行　親和銀行

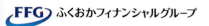

省エネによる経費削減をサポート

福岡市指名

福岡市から指名された省エネ事業者として、
安心・安全な省エネ対策を提案いたします。

■ 当社の特徴 ■

- お客様の状況に応じた実効的な省エネを提案
- 選び抜いた機器・製品を使用
- 実績を活かしたビル総合管理の提案

ソフトESCO事業

初期投資不要！

削減された光熱費から当社の報酬をまかなう出来高払い。オーナー様は経費負担がなく、新たな支出が生じません。

上記の特徴を基に
最適なプランを提案

オーナー様
経費負担なし

補助金活用
建物
メンテナンス

コンサルタント事業

◎補助金活用支援業務
◎省エネ推進サポート業務
◎省エネ節水機器施工販売
◎建築物トータル
メンテナンス業務

■お問い合わせ・資料請求先

人と環境にやさしい省エネをプロデュース
株式会社 朝日ビルメンテナンス
本社／福岡市博多区博多駅前2丁目1-1 福岡朝日ビル
（担当／田中・宝亀）

ASAHI BUILDING MAINTENANCE CO.,LTD.

092(431)2036
http://www.asahibm.co.jp
朝日ビルメンテナンス

おかげさまで70周年
太陽光は、
九電工っす!
SoftBank HAWKS
バッティングに欠かせないのが、ボールの見極めであるように、太陽光発電も、
屋根と光の角度の見極めが肝心。九電工は、内川選手級の確かな読みで、
最も効率よく発電できるシステムをご提案します!
SunQ《サンキュー》コール 0120-039《オーサンキュー》-905《キューデンコー》
www.kyudenko.co.jp/taiyoko
太陽光は九電工 検索
Make Next.
九電工

いつも人が発想の原点。

機能だけではなく、
快適という基準
今からのまちに必要だと思う。
誰もが感じる気持ちよさ
これからもいろんなところで
カタチにしていきたい。

株式会社 **松本組**

代表取締役社長 松本 優三

[本社] 〒812-0054 福岡市東区馬出1丁目1番19号 TEL.092-651-1031(代)

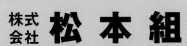

紙:画像解説
ーサイド百道』
こ開かれた福岡・博多は古
ヒトが行き交い、モノや
とが往来してきた都市だ。
かでもシーサイド百道は
未来を予感させるエリア
いえる。クリエイティブ都
やイノベーション都市へ
トレンドを追い風に
kuokaは新たに船出する。
(画像提供:福岡市)

福岡の近未来

FORUM FUKUOKA
福岡/九州の未来をデザインする【パブリック・アクセス誌】
フォーラム福岡

特別号 目次

「フォーラム福岡」発刊10周年にあたって

パブリック・アクセス誌『フォーラム福岡』は今年で、創刊10年を迎えました。これを一区切りに、本号の特集「福岡の近未来」と次号特集「これからの福岡を担う50人」(仮称、3月末発行予定)を特別号とし、休刊することになりました。これまで支えて頂きました行政、企業、大学、そして市民のみな様にこの場を借りて御礼申し上げます。

『フォーラム福岡』の創刊時に作成した福岡の未来年表では、ハード中心の大型プロジェクトが目白押しでした。特集のテーマはその未来年表に基づく7項目で、いずれも市民や議会、企業などの理解や協力が必要なものばかりでした。

ハード系の大型プロジェクトが完了し、最近では都市の魅力や地域力を高めるイノベーションなどのソフト系のテーマに移行していました。

この10年間の取り組みの中で、行政が単独で取り組んでも効果が上がらず、産官学民、それも九州が一体となって取り組むテーマも明確になってきました。「九州をひとつの国と考え、九州の持つ資産を全体で運用・活用する」「海外に発信するには『九州』というブランドでの戦略的アピールが不可欠」といった具合に、このテーマ設定＝課題の抽出も『フォーラム福岡』の役割ではなかったかと考えています。見逃されている課題を拾って福岡県や福岡市をはじめとする行政、経済団体、各企業にフィードバックすることに力を入れ、問題提起をしてきたつもりです。

産官学民が協力して生み出した『フォーラム福岡』の事例は全国的に初めての試みでしたが、一定の役割を終えたのではないかと考え、休刊に至った次第です。

趣旨、ご理解の程宜しくお願いします。

『フォーラム福岡』編集委員会
代表　原　正次

フォーラム福岡編集委員
座談会

福岡の〝いま〟を踏まえ、〝近未来〟を語る

司会進行 プロジェクト福岡代表取締役 フォーラム福岡編集事務局 **神崎公一郎**	九州大学大学院 統合新領域学府教授 フォーラム福岡編集委員 **坂口光一**	東京大学大学院 新領域創成科学研究科教授 フォーラム福岡編集委員 **出口　敦**	福岡大学商学部教授 次世代人材開発研究所所長 フォーラム福岡編集委員 **田村　馨**	リージョンワークス代表社員 米国認定都市計画士 フォーラム福岡編集委員 **後藤太一**

パブリック・アクセス誌『フォーラム福岡』が創刊10年を迎え、これを一区切りに休刊することになった。今回、総集編「福岡の近未来」を発行するにあたり、フォーラム福岡編集委員4氏による座談会を開き、福岡の成長の軌跡を振り返りながら、福岡の20～30年後の動向や視点、取り組み方などについて語り合った。

※議論にあたり、問題意識を共有するために『なぜローカル経済から日本は甦るのか』（冨山和彦著・PHP新書）を参考文献とした。

◇　◇　◇　◇　◇

「大手企業に代わるリーダーが徐々に台頭」（後藤）

——まず、福岡のこの10年の成長の軌跡と現状をどう見ていますか。

出口　桑原敬一市長時代（1986年12月～1998年11月）の大型プロジェクトが次の山崎広太郎市政（19

98年12月〜2006年11月）になってからもしばらくは続きましたので、福岡の各企業はそれなりに元気でした。

その後、まちづくりの重点がハードからソフトに移る中で、大手企業が手を引かざるを得ない状況になってきました。その大手企業に代わるプレーヤーが見えてこないですね。

田村　財界が手を引き始めたのは、博多リバレインなどに代表される1990年代の再開発事業の失敗以降ではないでしょうか。

天神地区でも福岡三越や岩田屋新館が相次いで開業しました。しかし、東京ではすでに衰退業界とみなされていた百貨店が、「なぜ福岡だけ調子いいのか」という疑問は、当時の雰囲気としてあったように思います。

坂口　文化面では世界一ミュージアムが多い国になったのですが、質や中身が継続的に整備できている状況かというと。〝お寒い〟状況ですね。行政も独立採算でやるしかなくなって、ビジョンや戦略がまったく見えてきません。

後藤　他都市の動きを見ても、ビジョンを立てるのは難しい時代になっていると思います。

ビジョンがない中でも目指すべき理念や、短いサイクルでの戦略を立てながら試行錯誤していくことはできるのです。それすらうまくできていない状況にある気がします。

田村　キーワードに捕らわれすぎている面もあると思います。特に福岡は〝アジアにいちばん近い都市〟という分かりやすいキーワードがあり、そこで思考停止してしまいがちです。結果として、そのフレームから飛び出せなくなっています。

後藤　大手企業に代わるリーダーは、少しずつ出てきていると思います。行政では髙島（宗一郎）市長という若い首長が安定的に2期目に入り、精力的に様々な取り組みを行っています。

財界も九経連会長は麻生グループの麻生泰会長、福岡商工会議所はコカ・コーラウエストの末吉紀雄会長が会頭を務めています。地元大手企業「七社会」ばかりを頼りにした構図から変化して、これまでのような予定調和は少なくなってきました。

「変化のトレンドを捉え、時代と向き合い・働きかける接線で回転を変える」（坂口）

坂口　哲学者の三木清さんは、「構想力とは変化する時代の中から接線を引っ張り出すものだ」と言っています。

そこで求められるのは動体視力であり、変化する中で可能性をもったトレンドを接線として引っ張り出し、回転運動を変えていくものです。

接線を引っ張り出すとは時代にどう向き合い、どう働きかけるかということです。例えば、藻谷浩介さんが唱える〝里山資本主義〟というエコ思考のライフスタイルなども、一つの接線だと感じます。

後藤　接線を求めるという点で、髙島市長は秀でていると思いますが、組織や社会の〝巻き込み〟がまだ不十分で、行動が大きなうねりになっていないと感じます。福岡市民が口をそろえて〝スタートアップ〟と言うようになれば、大きなうねりになるでしょうが、現状は未だそうではない。

以前は、福岡全体が〝アジア〟と言っていた時代がありましたが、そこまでのものはまだないように思います。もっとも、今はみんなが同じことを言う時代ではないのかもしれません。

「リーダーは企業の〝中〟でなく、〝周辺〟にいる」（田村）

田村　ロンドンビジネススクールのリンダ・グラットン教授の著書『ワークシフト』を読むと、これからのリーダーは企業の〝中〟ではなく〝周辺〟にいて、NGO活動に取り組んだり、開発国に半年間住んだりすることが必要だという議論が世界的にされていることが分かります。

日本や福岡は世界のそうした潮流から遠いところにいて、さらに離れていっているように思います。実際、福岡でも社会的・文化的な取り組みを一切しないという大手企業の存在が見受けられます。

出口教授がセンター長を務めるUDCKでは多彩な地域活動に取り組んでいる。写真は住民活動成果報告の市民フォーラムの様子

「福岡らしい〝軸〟を設定して、交差させる」（坂口）

――福岡では、「行政や企業が世界に働きかける接線

を持とう」という意識や動きにつながらないのは、なぜでしょうか。

後藤　反省を込めて言うと、この10年間、我々は財界や行政だけに光を当てすぎたのかもしれません。規模的には小さくても、福岡から外に飛び出していった人たちはいるわけです。彼らの中には、「財界や行政は、面倒だから付き合わない」という人もいるでしょう。そういう人たちと財界・行政をつなげる努力が、足りなかったのではないでしょうか。

こうしたことができれば、ヤンチャで失敗はしても、そのうち何人かは大化けする、という社会になると思います。

出口　必要なものを創っていくリーダーと、出来上がった後に可能性を追求していくリーダーとでは、全然違います。福岡では、大きなモノを創ろうというリーダーはそぐわないように思います。小さくても自分の仕事を使命に基づいて取り組んでいくのがリーダーだと思います。

そうしたリーダーシップの本質やあり方もこの10年で変わってきた中で、福岡はキャッチアップできなかったのかもしれません。

坂口　ローカルとグローバルというだけではなく、いろいろな軸が必要です。最近では合理的な利益社会一辺倒ではなく、シェア即ち共同性や人格的繋がりを大事にする志向が強まっています。こうしたいくつかの軸を設定し、対立（ＶＳ）の構図ではなく、楕円の二焦点のような構図のなかで交わらせていく感覚も必要です。

例えば、福岡から世界に飛び出していったラーメン店経営者が体験し身につけた、グローバル社会で生き抜くための知恵や知識を大手企業が聞く耳を持ち、活かしていけるのか。問われていると思います。

出口　敦（でぐち・あつし）
1961年生、東京都出身。東京大学工学部都市工学科卒・同大学院博士課程修了（工学博士）。東京大学工学部助手、九州大学大学院人間環境学研究院助教授、教授を経て、2011年4月現職に就任。UDCKセンター長、都市計画学研究者、都市計画家、アーバンデザイナーとして国内外で活躍。

「同じ面子で集まるのが弱点。異端活用へ」（後藤）

—坂口さんの「有効な軸を設定する」という考え方

については、いかがですか？

後藤　私が感じるのは、福岡でそれぞれのテーマでメンバーが集まった時に、その顔ぶれが固定してしまっているという点です。あるコトを目的に集まったとしても、その目的を達成すればメンバーは一度解散する、そういう柔軟性がありません。この変化の無さこそが福岡の弱さだと思います。

外部の人、地域の中で接点がなかった人、そうした人たちも含めて、議論する場を増やすべきではないでしょうか。

軸を作るのは良いのですが、メンバーが固定化されると空気を読んだ発言しか出てこなくなります。そうならないためにも、違う目線からの意見が受け入れられ、異端的な人を活用していくチャンスのある場を作ることが必要だと思います。

出口　日本や福岡でグローバル企業といえば製造業ですが、世界的に見るとグーグルやアマゾン、フェイスブックなどのサービス業です。

グローバル企業にはフェイスブックのように天才的なひらめきを持つ起業家がいて、既存の技術にアイディアを組み合わせるタイプと、これまでに無い考え方で起業していくタイプがあると思います。こうしたグローバル企業を育てる環境がなかったような気がします。

その一方で、多くの日本人技術者がグーグルで働き、日本人に利用しやすいサービスを拡充させていると聞きます。優秀な日本人がグローバル企業に入ることで世界を席巻していくのです。

リーダーにはならないけど、サポートするプレーヤーになる。福岡は、そういう人たちを育てる素地があると思います。九州大学もあり、九州中からそういう素質を持った人が集まる場所ですから。

坂口光一教授が代表理事をつとめる「Sho-Chuプロジェクト」では、櫛田神社で焼酎カレッジを開くなど、九州焼酎文化のイノベーションに取り組んでいる

「"福岡"と"博多"の二面性を生かす」（出口）

坂口　先日、ある番組で、ディズニーが衰退したのは官

僚主義的な文化（例えば会議での座り方）がはびこったからだという内容を放映していました。立ち向かうべきは官僚主義だと思います。単に交流の場を作るだけではなく、その場に〝異端〟や〝変な奴〟を受け入れる雰囲気をどう作っていくか。日本人はベンチャー育成を叫びながら、自分の思考枠に収まらないものは拒絶・排除しがちですが、福岡で受け入れの空気を作れているでしょうか。

田村　ピクサー・アニメーション・スタジオおよびウォルト・ディズニー・アニメーション・スタジオズ社長のエド・キャットムル著作の『ピクサー流 創造するちから』を読むと、官僚化しないように目を配るのがトップの仕事だと書いています。クリエーティビティーはチームからしか生まれない、グループからしか生まれない、と明確に言っています。

後藤　そう考えると、合意形成は必要ないのかもしれません。合意形成をしようとするのに時間がかかると、陳腐化してしまいます。「俺一人でもやる」というヒトを潰さないようにする方が大切で、誰にも諮らずにやってしまうタイプがもっと増えてもいいと思います。

出口　都市計画では街にアイデンティティーを創ろうとするわけですが、そこに染まってしまうと自由な展開ができなくなる側面もあります。その点、福岡には〝博多〟と〝福岡〟があり、歴史や伝統的な文化が多い博多はアイデンティティーが強く、独自色に染まっていない福岡には割と自由にやれる雰囲気を感じます。こうした特徴は他都市にはありません。〝福岡〟の気質で、新しいモノにどんどんチャレンジして、時と場合に応じて〝博多〟のアイデンティティーをうまく活用できます。その強みを活かしていくべきです。

坂口光一（さかぐち・こういち）
1953年生、大牟田市出身、東京大学大学院（都市工学）修了。九州経済調査協会に勤務後、九州大学へ。ベンチャービジネスラボラトリーやビジネススクール、ユーザーサイエンス機構を経て現職に就任。九州の焼酎の海外に販売する『SHO-CHUプロジェクト』や『焼酎カレッジ』を立ち上げる。

「観光需要喚起は、外部の目線に置き換えてみる」（田村）

坂口　ポスト近代では《生産の時代》は終わって、《交換の時代》だという主張があります。その軸上には、歴史的に交易都市であり流通を扱う支店都市であった福岡を物的な交換のまちから、人的な交流・交歓のまちにシフトさせていく課題が浮上します。

田村　そうすると、外部のヒトからの視線が必要になってきます。

国宝や重要文化財の補修を手がける小西美術工藝社のデービッド・アトキンソン社長は、「日本は観光産業が伸びる余地はあるのに、列車が時刻通りに着くとか、モノを置いても盗まれないとか、そういう点ばかりを打ち出す。しかし、それは住民視線であって、列車が時刻通りに来るから観光客が日本に来るわけではない」と言っています。

福岡も〝住みやすい〟や〝食べ物がおいしい〟という住民目線を、もう少し外部の目線に置き換えないといけないと思います。

後藤　福岡だけでなく、日本全体に本当の意味で〝おもてなしの心〟が弱いですよね。

田村馨教授は、大学生が中学生や高校生に〈教えることを通じて学ぶ〉場として『書く力をきたえるプログラム』に取り組む

田村　〝おもてなしの心〟は日本にしかないと思い込んだ途端に思考停止して、見るべきモノが見えなくなってしまいます。ホスピタリティーというのはビジネスベースに乗っていることが前提です。

一方、日本では単に〝チェーン化できないもの〟とか〝他の人に伝えられないもの〟をおもてなしと勘違いしています。それでは、世界に通用しません。

例えば、欧米のホテルだと空室があれば、朝早くてもチェックインできますが、日本は15時以降でないとできないことが多い。京都の寺院などもかなり老朽化して、ようやく改修の予算がつき、修復後は観光客が増えるそうです。どんなに老舗であっても。汚れたレストランには行かないのと同じことです。

アトキンソン社長も、先進国の中で観光産業にかける予算がいちばん低いのは日本だと指摘しており、「顧客目線から外れ、ビジネスベースでの満足度が低いことをやっておきながら、おもてなしや観光立国ばかり言うのはおかしい」と言っています。

「独自の制度設計で拠点都市を目指せ」（後藤）

―かつての博多は、貿易を通して物流も商流、人流も同時発生していました。物流が商流となり、そこから人流やカネ、情報の流れを生むような独自の物流拠点としての機能を福岡は打ち出せないでしょうか。

田村　まずは、制度設計を整えることが必要だと思います。例えば、ワーキングビザがすぐに下りる、家具付きの賃貸マンションがたくさんあって手ぶらで来てもすぐに住める、簡単に銀行の口座開設ができる、あるいは企業が海外進出しても日本の保険を適用するなどです。福岡において、そのような制度を整えないと人流を作るのは簡単ではないと思います。

後藤　確かに政策や制度設計はとても重要で、ビザや金融など各種の仕組みが、福岡だけでなく日本はうまく設計されていません。この手の議論はバブル崩壊後、もう20年間やってきているように思います。国内やアジアをにらんだ拠点都市を目指す上で、福岡はまず、その風穴を開ける都市になるべきかもしれません。

田村　馨（たむら・かおる）
1954年生、福岡市出身、北海道大学卒。農林水産省政策研究所経済政策部主任研究官、日本総合研究所社会システム研究部コンサルタント経て、福岡大学へ。1999～2000年英国サリー大学サービス経営スクール客員研究員。福岡大学次世代人材開発研究所所長も務める

田村　福岡は実験都市を目指そうといっていた時代もありましたが、結局、実験をやってこなかった。多くの都市のモデルはすでにヨーロッパにあり、例えばコンベンション都市は80年代にヨーロッパで盛んに行われたものです。そうした既成の都市モデルを踏襲するのではなく、新たな都市の在り方を試す心意気が福岡にあってもよかった。

そのためにも、海外に進出していった人たちに光を当てることで「こんなこともできるんだ」という機運を盛り上げていくことは、非常に重要だと思います。

坂口　坂口　制度というより、独立心が強い腕白なプレーヤーが育つ環境だけをつくってやる。すると、画一思考に染まらない、組織を自由に渡り歩くような人が増えていって、集団的に活性化し始める……。

「都市や建築を〝メディア化〟する」(出口)

後藤　これからのキーワードは〝個人〟だと思っています。もちろん最終的にチームでやらないといけないのですが、多様な個が集まってこそ、チームの強みが出ます。

この10年間を振り返ると、チームやコミュニティーを強調し過ぎた結果、サッカーのチームが中盤でパスを回すばかりでゴールがなかなか決まらない試合のようなイメージです。組織力も大切ですが、ヤンチャなストライカーやゴールキーパーがいないとダメだと思います。

ついでに、アンチテーゼを言わせて頂くと、都市計画も整備から縮小に進むべきだと考えています。空家率が15%もある中では、その活用に視点を変えるべきで、容積率を緩和して高い建物が建てられるという方策だけではちょっとどうでしょうか。

創業特区にしても、「新陳」の話ばかりで「代謝」の話が抜けています。退場すべきは退場するという話もしないと、福岡で多少創業する人が増えても構造的には変わりません。そうした視点の〝ずらし〟がないと、次の10年、20年は厳しいでしょう。

2013年6月に福岡地域戦略推進協議会が主宰した、地元の官民のキーマンと海外の専門家が参加しての『都市再生フォーラム』での一コマ

出口　東京でも五輪を背景にした建設ブームでマンションとオフィスを造り続けていますが、もうこれ以上「量」は必要ないのは明らかです。実際、さほどテナントは増えてきていませんし、オフィスの形態も変わってきています。

例えば、グーグル社のような企業の多くの社員はラフな服装で自転車通勤し、無料で社内食堂でランチを取ることができ、スポーツジムのサービスも提供されるというスタイルです。こういう企業にとって都心部の格調高い高層オフィスの形式に執着する必然性はほとんどありません。福岡には、「新たにオフィスを創らない」モデル都市になってもらいたい。一周遅れの良さに気付いて、その良さを活かしてほしいと思います。

イベントにも同じことが言えると思います。福岡はアジア太平洋博会(よかトピア)、ユニバーシアード競技大会、世界水泳と大きなイベントを定期的に開催して発展してきました。これからはオーソライズされた大きなイベントを呼んでくる時代ではなく、都市の規模に見合った新しいイベントを創り出していかないといけないと思います。そのためには、古いイベントをリストラしていく覚悟が必要です。

それと福岡には国内外に情報発信できる広義の〝メディア〟がありません。東京の大手ディベロッパーは、自分たちで創った建築をメディア化して、どんどん情報発信をしています。そこにかなりの資金を投資しています。

都市も建築も立派なメディアなのですが、福岡の企業は、都市開発の力を利用してそれを創ってきませんでした。

坂口　しかし、イベントも行政や大手と関係ないところから作って盛り上げていくというサイクルが出てこないと、劣化細胞の代謝は難しいでしょう。

例えば、城南区の花みずき商店会の酒屋ミキヤでは店舗一角にキッチンスタジオを設置し、ＹｏｕＴｕｂｅで最大級の和食レシピ紹介チャンネルを開設していますが、留学生にちょっと訳してもらったりして英語、中国語、韓国語などでも発信し、海外から1万をこすアクセスをゲットするほどです。

ＹｏｕＴｕｂｅやＦａｃｅＢｏｏｋが普及してメディアそのものが多様化して、ローカルの小さな取り組みが世界に直結する時代になってきました。都市や建築というハードのメディア化とともに、メディアの可能性を時代の接線として引っ張り出しながら、創造的思考を外に向けて、どんどん展開している動きに注目したいですね。

後藤太一（ごとう・たいち）
1969年生、東京都出身、東京大学工学部都市工学科卒、カリフォルニア大学バークレー校修了。鹿島建設、ポートランド都市圏自治体、福岡アジア都市研究所主任研究員、福岡新都心開発事業部長、福岡アーバンラボラトリー代表社員を経て、2014年5月リージョンワークスを設立、代表社員に就任。

——福岡の未来は、過去を振り返り、現在の横の世界に目を配りながら見据えることですね。そして、様々なタイプの人が集まり忌憚なく議論できる場や雰囲気をどう作るか。そのためにも、将来を担う若い人をはじめ、光を当ててこなかった人にもっと注目していくべきでしょう。

本日は、ありがとうございました。

未来年表 2050		Future chronological table 2050
西暦	元号	九州において予定・予測される動き
2015年	平成27年	1月:『長崎の教会群とキリスト教関連遺産』の世界文化遺産登録に政府推薦書 3月:大分駅新駅ビル『JRおおいたシティ』が開業/8月:長崎で70回目の原爆の日 ６～7月:『明治日本の産業革命遺産 九州・山口と関連地域』が世界遺産登録
2016年	平成28年	3月:東九州自動車道の北九州～宮崎が開通 日本での磁器誕生・有田焼の創業から400周年 九州の観光消費額が２兆7千億円に(九州観光推進機構)
2017年	平成29年	１～3月:熊本市のＮＨＫ新熊本放送会館が開館
2018年	平成30年	春:熊本市の大規模ＭＩＣＥ複合施設が開館 鹿児島市の鶴丸城御楼門が完成予定
2019年	平成31年	12月:第24回世界女子ハンドボール選手権が熊本県などで開催
2020年	平成32年	第1回『世界蒸留酒オリンピック』が九州で初開催 鹿児島県で第75回国民体育大会が開催/佐賀大学が創立100周年
2021年	平成33年	佐賀県・長崎県・熊本県・鹿児島、大分県が設置150周年/大分大学創立100周年
2022年	平成34年	九州新幹線・長崎ルート(武雄温泉駅～長崎:フル規格新線)が開業予定
2023年	平成35年	佐賀県で第78回国体/九州の観光消費額3兆5千億円(九観推)/宮崎県(初代)設置150周年
2024年	平成36年	佐賀の乱から150周年/宮崎市が市政100周年
2025年	平成37年	九州7県の人口が1220万人(社人研)/熊本大学が創立100周年
2026年	平成38年	
2027年	平成39年	西南戦争から150周年
2028年	平成40年	
2029年	平成41年	
2030年	平成42年	九州7県の人口が1175万人(社人研)
2031年	平成43年	
2032年	平成44年	
2033年	平成45年	
2034年	平成46年	雲仙国立公園と霧島国立公園が指定100周年
2035年	平成47年	九州7県の人口が1127万人(社人研)
2036年	平成48年	
2037年	平成49年	
2038年	平成50年	
2039年	平成51年	佐賀市・長崎市・熊本市・鹿児島市が市政150周年
2040年	平成52年	九州7県の人口が1075万人(社人研)
2041年	平成53年	
2042年	平成54年	
2043年	平成55年	8月:種子島へ鉄砲伝来500周年
2044年	平成56年	当年頃までに佐賀7.8長崎4.7熊本8.0大分54.3宮崎42.7鹿児島17.4%の確率で震度6弱以上の地震発生を予測(政府地震調査委員会)
2045年	平成57年	
2046年	平成58年	
2047年	平成59年	
2048年	平成60年	
2049年	平成61年	長崎大学設置100周年/宮崎大学創立100周年/鹿児島大学設置100周年
2050年	平成62年	
		※時期未定:東九州自動車道が全線開通 ※時期未定:西九州自動車道が全線開通 ※時期未定:熊本駅地区の再開発が完了 ※時期未定:鹿児島駅地区の再開発が完了 ※時期未定:下関北九州道路(関門海峡道路)の全線開通

未来年表 2050		Future chronological table 2050
西暦	元号	福岡において予定・予測される動き
2015年	平成27年	春:博多港中央ふ頭に建設中の旅客ターミナルが開業 5～6月:飯塚市のバスターミナル入居の複合ビルが供用開始 11月:福岡市で海外20カ国参加の国際地盤工学会アジア地域会議が開催
2016年	平成28年	1～3月:アイランドシティに福岡市新青果市場/3月筑後市のホークスファーム拠点が始動 春:博多駅前のSW計画ビルと新博多ビル(仮称)が開業/4月:福岡市立中央児童会館が開館 6月:福岡市でライオンズクラブ国際大会が開催/西南学院大学が創立100周年
2017年	平成29年	3月:香椎副都心整理事業が完了見込/春:北九州市の『北九州スタジアム』が完成 春以降:福岡空港の運営を民間委託する受託事業者を決定見込み/伊良原ダムが完成
2018年	平成30年	春:久留米市の複合施設『久留米シティプラザ』が開館/1～3月五ヶ山ダムが完成 4月～:早ければ福岡市総合体育館(仮称)がアイランドシティに開館(～2022/3)
2019年	平成31年	3月:九州大学移転が完了見込み/3月:福岡空港新ターミナルビルが開業予定 4月頃:福岡空港の運営権を引き渡して民営化する見込み
2020年	平成32年	地下鉄七隈線が博多駅へ乗り入れ(～2021/3)/福岡市の人口が157万人(福岡市) 九大六本松跡地の商業施設・分譲住宅が完成/福岡県の人口が497万人(社人研)
2021年	平成33年	3月までに新折尾駅が完成・供用開始/福岡県が廃藩置県で誕生して150周年
2022年	平成34年	4月:福岡市が政令指定都市へ移行50周年/福岡市第9次基本計画の目標年次
2023年	平成35年	当年までに福岡県を中心とした北部九州で自動車180万台生産を目指す(北部九州自動車産業アジア先進拠点推進会議)
2024年	平成36年	早ければ福岡空港の増設滑走路が完成
2025年	平成37年	福岡市の人口159万人(福岡市)/福岡県の人口486万人(社人研)
2026年	平成38年	
2027年	平成39年	アイランドシティで最終分譲予定
2028年	平成40年	
2029年	平成41年	
2030年	平成42年	福岡市の人口160万人(福岡市)/福岡県の人口472万人(社人研)/12月:西部ガス100周年
2031年	平成43年	玄洋社発足から150周年
2032年	平成44年	
2033年	平成45年	
2034年	平成46年	4月:福岡大学が創立100周年
2035年	平成47年	福岡市の人口が161万人(福岡市)/福岡県の人口が456万人(社人研)
2036年	平成48年	
2037年	平成49年	4月:九州旅客鉄道が創立50周年/太閤町割から450周年
2038年	平成50年	
2039年	平成51年	4月:福岡市が市政150周年/北九州港が開港150周年
2040年	平成52年	福岡市の人口が160万人(福岡市)/福岡県の人口が438万人(社人研)
2041年	平成53年	
2042年	平成54年	
2043年	平成55年	
2044年	平成56年	12月:九電工創立100周年/当年までに福岡県で8.0%の確率で震度6弱以上の地震発生を予測(政府地震調査委員会)
2045年	平成57年	
2046年	平成58年	九州経済調査協会100周年/北九州市立大学が創立100周年
2047年	平成59年	
2048年	平成60年	
2049年	平成61年	博多港開港150周年
2050年	平成62年	九州産業大学創立100周年
		※時期未定:福岡空港の民間への運営委託による運用・経営 ※時期未定:鴻臚館の発掘完了 ※時期未定:九州大学箱崎地区跡地の再開発 ※時期未定:セントラルパーク構想の具体化

未来年表 2050 Future chronological table 2050

西暦	元号	アジア・世界において予定・予測される動き
2015年	平成27年	5月:イタリア・ミラノで国際博覧会が開催 7月:無人探査機ニュー・ホライズンズが冥王星に最接近 年末:上海ディズニーランドが開業予定/ASEAN統合が一部開始
2016年	平成28年	8月:ブラジル・リオデジャネイロで第31回夏季五輪/5月:台湾総統選挙 11月:アメリカ大統領選挙/国際宇宙ステーションの運用が終了予定(2020年まで延長検討) クウェートに『千夜一夜物語』に因んむ高さ1001mの超高層ビルが完成
2017年	平成29年	中国が月へ有人探査予定 スウェーデン・ストックホルム近郊に欧州最大の医療研究施設が完成予定
2018年	平成30年	2月韓国・平昌で第23回冬季五輪/ASEAN加盟10カ国の域内で関税ゼロになる ロシア大統領選挙/韓国大統領選挙
2019年	平成31年	WTOに加盟したロシアが当年までに新車輸入関税(現行30%)を15%に引き下げ メタンハイドレートが商業化(石油天然ガス・金属鉱物資源機構)
2020年	平成32年	5月:台湾総統選挙/11月:アメリカ大統領選挙/世界の人口が77億人(国連) 国際熱核融合実験炉で初プラズマ達成/中国が大型宇宙ステーションを建設
2021年	平成33年	インドの人口が14億人を超えて世界1位に(国連貿易開発会議)
2022年	平成34年	9月:日中国交正常化50周年/第24回冬季五輪/ドイツが原子力発電所全廃
2023年	平成35年	NASA探査機『オリシス・レックス』が小惑星の採取サンプルで地球帰還/韓国大統領選挙
2024年	平成36年	第33回夏季五輪/5月:台湾総統選挙//11月:アメリカ大統領選挙/ロシア大統領選挙
2025年	平成37年	中国が名目国内総生産(GDP)で世界1位に(内閣府)/世界の人口が81億人(国連)
2026年	平成38年	スペインのサグラダ・ファミリアが完成目標/第25回冬季五輪
2027年	平成39年	国際熱核融合実験炉で重水素・トリチウム運転の開始予定
2028年	平成40年	世界人口が80億人/第34回夏季五輪/5月:台湾総統選挙/11月:アメリカ大統領選挙/韓国大統領選挙
2029年	平成41年	当年までにBRICsの国内総生産(GDP)がG7を超える(ゴールドマン・サックス)
2030年	平成42年	世界人口が84億人(国連)/第26回冬季五輪/アメリが火星有人探査/ロシアで大総統選挙
2031年	平成43年	米国宇宙協会が軌道エレベーター建設を計画
2032年	平成44年	第35回夏季五輪/5月:台湾総統選挙/11月:アメリカ大統領選挙
2033年	平成45年	サンフランシスコ〜ロサンゼルスの高速鉄道が完成(米国カリフォルニア高速鉄道)/韓国大統領選挙
2034年	平成46年	第27回冬季五輪
2035年	平成47年	世界の人口が87億人(国連)
2036年	平成48年	第36回夏季五輪/5月:台湾総統選挙/11月:アメリカ大統領選挙/ロシア大総統選挙
2037年	平成49年	英国が移民増加で人口7330万人になる見込み(英国・国家統計局 ※2012年6370万人)
2038年	平成50年	第28回冬季五輪/韓国大統領選挙
2039年	平成51年	9月:第2次世界大戦開戦100周年/ケネディ暗殺事件の公文書公開
2040年	平成52年	第37回夏季五輪/5月:台湾総統選挙/11月:アメリカ大統領選挙/世界人口90億人(国連)
2041年	平成53年	12月:太平洋戦争が開戦100周年
2042年	平成54年	第29回冬季五輪/ロシア大総統選挙
2043年	平成55年	米国の人口が4億人突破(米国・国勢調査局)/韓国大統領選挙
2044年	平成56年	第38回夏季五輪/5月:台湾総統選挙/11月:アメリカ大統領選挙
2045年	平成57年	8月:第2次世界大戦終結100周年/世界の人口が93億人(国連)
2046年	平成58年	第30回冬季五輪
2047年	平成59年	中国の一国二制度による香港統治が終了
2048年	平成60年	第39回夏季五輪/5月:台湾総統選挙/11月:アメリカ大統領選挙/ロシア大統領選挙/韓国大統領選挙
2049年	平成61年	10月:中華人民共和国が建国100周年
2050年	平成62年	第31回冬季五輪/世界の人口が96億人(国連)

未来年表 2050		Future chronological table 2050
西暦	元号	日本において予定・予測される動き
2015年	平成27年	3月:北陸新幹線が長野～金沢で開業 9～10月:和歌山県で『紀の国わかやま国体』が開催 10月:第20回国勢調査を実施/10月:私学共済年金が厚生年金に統合
2016年	平成28年	3月:北海道新幹線の新青森～新函館北斗が部分開業 9～10月:岩手県で『希望郷いわて国体』/11月:名古屋駅前の『大名古屋ビル』が全面開業 日本で主要国G8サミット開催
2017年	平成29年	4月:消費税税率が8%から10%へ/9～10月:愛媛県で『愛顔つなぐえひめ国体』 厚生年金保険料率18.3%、国民年金保険料16,900円へ/JR東と西が豪華寝台列車
2018年	平成30年	探査機『はやぶさ2』が小惑星に到着予定/明治維新から150周年 9月～10月:福井県で『福井しあわせ元気国体』が開催
2019年	平成31年	9月～10月:ラグビー・ワールドカップ日本大会を開催 9月～10月:茨城県で『いきいき茨城ゆめ国体』が開催
2020年	平成32年	7～8月:東京で第32回夏季五輪が開催 10月:第21回国勢調査/高齢者世帯が全世帯の30%の見込み
2021年	平成33年	9～10月:三重県で第76回国民体育大会が開催/『はやぶさ2』が地球に帰還予定
2022年	平成34年	9～10月:栃木県で第77回国民体育大会が開催
2023年	平成35年	3月:北陸新幹線の金沢～敦賀が開業予定/9月:関東大震災100周年
2024年	平成36年	1月:箱根駅伝で第100回記念大会が開催される
2025年	平成37年	10月:第22回国勢調査を実施/電算機昭和100年問題
2026年	平成38年	日本の人口が1億2千万人割れ(社人研)/60年に1度の丙午で出生数減少が予想される
2027年	平成39年	リニア中央新幹線が東京～名古屋で部分開業予定/東京大学が設置150周年
2028年	平成40年	早ければ国際リニアコライダー(ILC)が日本国内で稼働の可能性
2029年	平成41年	4月:当年までにニホンカワウソが再度発見されないと、学術的に絶滅確定
2030年	平成42年	10月:第23回国勢調査/日本の人口が1億1662万人(社人研)
2031年	平成43年	3月:北海道新幹線(新函館北斗～札幌)全線開業予定/8月:羽田空港が開港100周年
2032年	平成44年	早稲田大学が創立150周年
2033年	平成45年	日本独自の有人宇宙輸送システムが実用化の可能性(文科省科技政研:デルファイ調査報告)
2034年	平成46年	瀬戸内海国立公園が雲仙、霧島とともに指定100周年
2035年	平成47年	9月:日本列島付近で日食/10月:第24回国勢調査を実施
2036年	平成48年	中部電力浜岡原発1、2号機の解体完了(～2037/3)
2037年	平成49年	12月末:復興増税として2013年から実施した所得税額の2.1%上乗せが終了
2038年	平成50年	ベンチャーウイスキーの秩父蒸溜所産30年物シングルモルトウイスキー『イチローズモルト』が完成
2039年	平成51年	日本人の年間死亡数が167万人でピークを迎える(社人研)
2040年	平成52年	10月:第25回国勢調査/日本の人口が1億728万人(社人研)
2041年	平成53年	10月:東海地区で金環食が観測
2042年	平成54年	高齢者人口が3878万人でピーク(社人研)
2043年	平成55年	当年頃までに60~70%の確率で南海トラフにM8~9の地震発生を予測(政府地震調査委員会長期予測2013)
2044年	平成56年	昭和新山が大噴火・造山して100周年
2045年	平成57年	リニア中央新幹線が名古屋～大阪で開業して全線開業へ/10月:第26回国勢調査
2046年	平成58年	1月:神社本庁が発足して100周年
2047年	平成59年	京都大学が設置150周年
2048年	平成60年	日本の人口が1億人割れ(社人研)
2049年	平成61年	原発が40年廃炉で新増設ゼロの場合、当年までに原発が全てなくなる
2050年	平成62年	10月:第27回国勢調査を実施/日本の人口が9708万人(社人研)

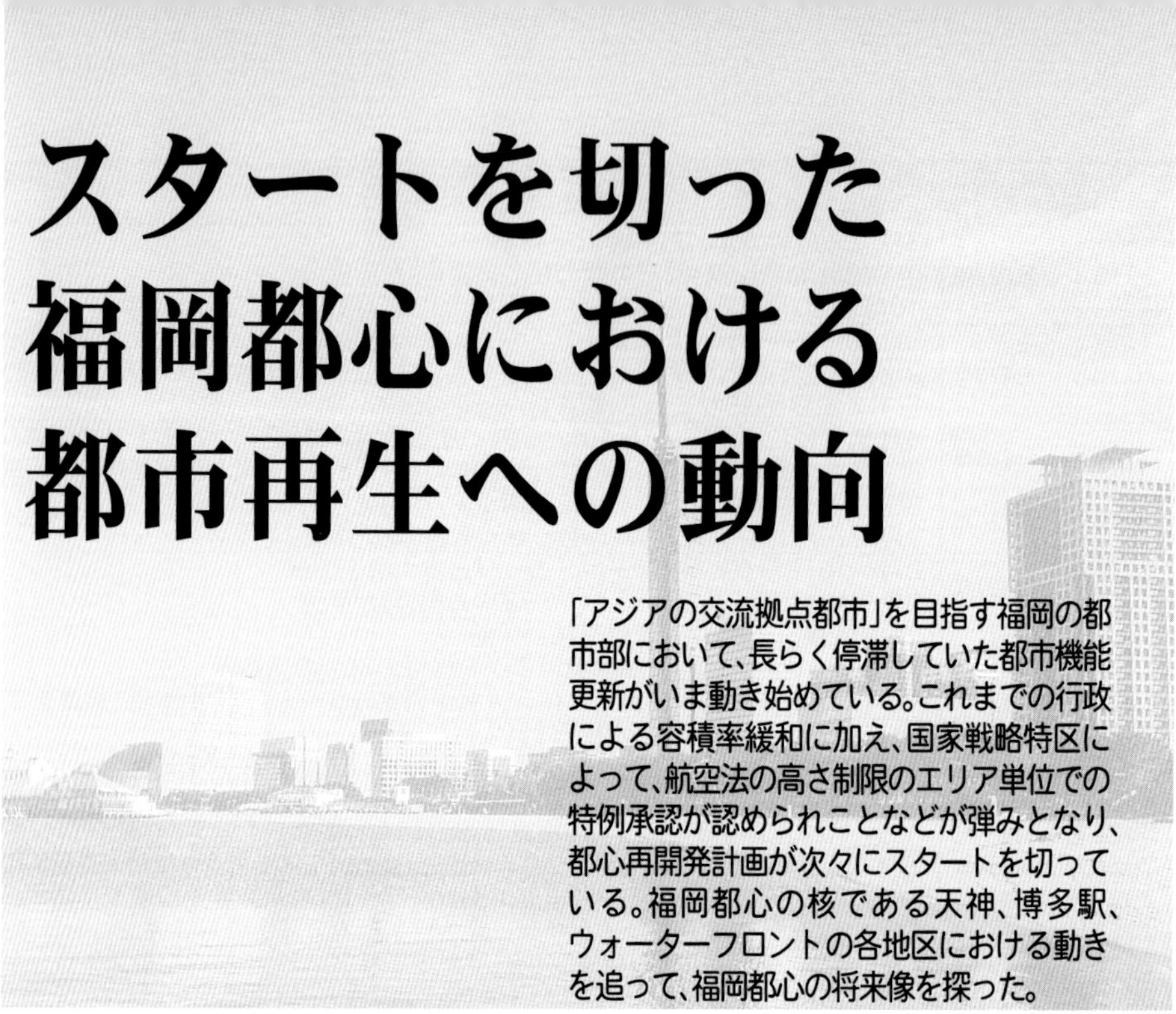

スタートを切った福岡都心における都市再生への動向

「アジアの交流拠点都市」を目指す福岡の都市部において、長らく停滞していた都市機能更新がいま動き始めている。これまでの行政による容積率緩和に加え、国家戦略特区によって、航空法の高さ制限のエリア単位での特例承認が認められことなどが弾みとなり、都心再開発計画が次々にスタートを切っている。福岡都心の核である天神、博多駅、ウォーターフロントの各地区における動きを追って、福岡都心の将来像を探った。

特定整備地域に指定された福岡都心地域

福岡市の都心部の都市再生は、２０１２年1月の閣議決定で『特定都市再生緊急整備地域』（特定整備地域）に選ばれたことが大きい。従来、指定されていた全国62の都市再生緊急整備地域のうち、重点的に国際競争力を図る福岡市など7都市・11地域が特定整備地域に選定された。これによって、官民協議会による計画作成、財政支援、手続きのワンストップ化、都市計画決定の迅速化が可能となった。

福岡都心地域とは、ビジネス・ショッピングゾーンを形成する「天神渡辺通地区」▽博多駅の再整備で拠点性を高めている「博多駅周辺地区」▽臨海コンベンションゾーンのある「ウォーターフロント（WF）地区」の3地区だ。この都心部は、従業員や小売額の割合で福岡都市圏全体の約3割を占め、住む人、働く人、訪れる人にとって重要な場所であることに加え、第3次産業が約9割を占める福岡市における活力や創造の源と考えられる。

同都心部は天神、博多駅、博多ふ頭、中央ふ頭を核に、北は博多湾、東は御笠川、南は百年橋通り、西は大正通

福岡の都心再生と九州の成長・発展

ONE POINT VIEW

りに囲まれた約920ヘクタール。都心部は更新期を迎えた民間ビルが多く開発意欲が高いため、官民が連携しながらまちづくりをしていくことが重要視され、戦略的な指針を基にして再開発の推進が求められている。

産学官民組織で都心3地区が回遊性の高い街に

福岡市は2011年1月、福岡都市圏の17市町と一緒に、同都市圏の成長戦略を議論する産学官民組織「福岡地域戦略推進協議会」(FDC、現会長・麻生泰九州経済連合会会長)を設立し、将来イメージ「福岡都心圏は国際競争力を備えたアジアで最も持続可能な地域を目指す」を掲げて、検討を重ねてきた。

ＦＤＣは同年6月、経済開発のための都心はどのようにあるべきかという観点から、都心再生戦略をまとめた。その前提となる経済環境の変化を、①創造性とイノベーションが競争力である②都心そのものが人の交流や情報交換の場として、これまで以上に大事になっている③投資は知的な人材に引き付けられ、知的な人材は都心に引き付けられる④小さなビジネス、特に企業向けのサービスを展開している会社がイノベーションを起こしていると認識、「都心にイノベーションのための生態系をつくる」をコンセプトにした。

その都心に焦点を当て、多種多様なビジネスをできるだけ高密度で都心へ誘導していこうという指針を打ち出した。そのためにハードの整備だけでなく、企業家向けの教育訓練に取り組み、語学研修を手がけ、創業時の融資環境を整え、安価なオフィス空間をインキュベーション施設として提供することなどを提案している。その結果、福岡都心部の再生の指針となる基本戦略は、国際会議施設が立地するウォーターフロント地区と天神、博多駅周辺を重点的に開発するとともに、3地区が一体となり回遊性の高い街にすべきだというものだ。

都市部機能更新のための容積率特例制度

これまで都心部再開発のネックのひとつだったのがビルの容積率だ。1973年施行の都市計画法改正で、福岡市の場合、都心部における容積率は、400～800％の指定がされているが、1973年以前に完成したビルについては、容積率の規定自体がなかったため、更新期を迎えたビルには指定容積率を超えたものが多数ある。このままビルを建て替えようとすると、現行の容積率が適用され、結果的に床面積が縮小する恐れがあった。そのためビルのオーナーがなかなか建て替えに踏み切れず、ひいては新たなまちづくりが進まないという状態が続いていた。

この状況を解決するため福岡市では、2008年8月に「福岡市都心部機能更新誘導方策（容積率特例制度）」を策定し、都市計画法改正以前の容積率超過建築物の円滑な建て替えの後押しをしている。同制度では、まちづくりの5テーマ「九州・アジア」「環境」「魅力」「安全安心」「共働」を新たな評価項目として設定し、貢献度合いに応じて最大400％の容積率を緩和できる。容積率800％の土地なら400％上乗せし、さらに公開空地によ

都心部機能更新型容積率特例制度

九州・アジア、環境、魅力、安全安心、共働の視点からまちづくりを推進するため、これまでの総合設計制度等による公開空地積上型の評価に加え、新たに「まちづくり取組評価（最大400％）」を創設。都心部の課題である交通環境の改善を推進するため、新たに「敷地外公共施設整備評価」を創設するとともに、「公開空地評価」の改善などを行う。

容積率緩和にあたっての評価の考え方

●**まちづくり取組み評価**（新規項目）→下記のまちづくり取組みを評価（最大400%）
九州アジア（最大50%）、環境（最大100%）、魅力（最大50%）、安全安心（最大50%）、共働（最大100%）
※指定容積率（400%～800%）との整合を図るため、本評価の緩和容積率上限は原則として下記のとおり
まちづくり取組み評価 ≦ 各分野の緩和容積率の上限の和 × 指定容積率(%)／800(%)

●**敷地外公共施設評価**（新規項目）→整備施設面積の敷地面積に対する割合を一定計算式で評価

●**公開空地評価**（改善項目）→公開開空地の敷地面積に対する割合を一定計算式で評価
※公開空地整備は、制度活用の際の必須事項

●**特定施設評価**（項目追加）→整備施設面積を評価

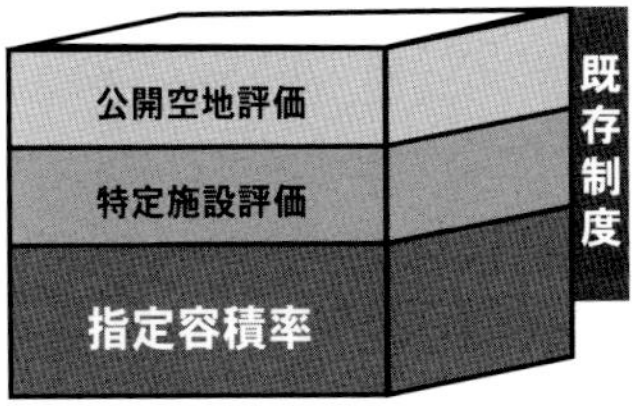

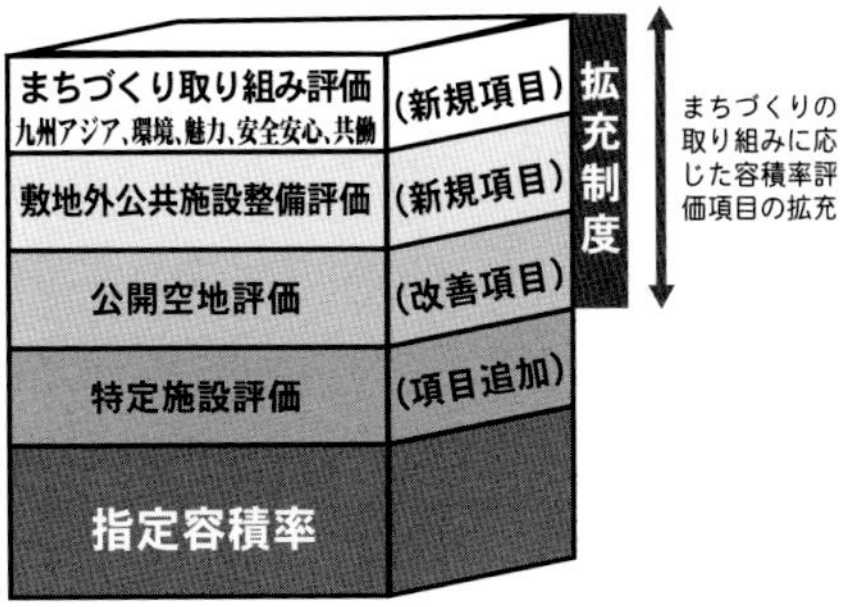

る割増を加えると1200％超も可能になった。

「特定施設評価」の追加でさらに魅力アップを

またこの都心部機能更新誘導方策では、地下歩道や道路付加車線の確保などの敷地外関連公共施設の敷地面積に対する割合を評価する「敷地外公共施設評価」を新規項目として制定している。さらに制度活用の必須事項となる公開空地の敷地面積に対する割合を評価する「公開空地評価」を改善するとともに、文化ホール、太陽光発電施設、防災用備蓄庫などを「特定施設評価」の項目として追加している。

この「まちづくり取り組み評価」の新規5項目のそれぞれの容積率緩和は、「九州・アジア」で、機能強化と魅力づくりを育成・リードする用途の設置運営で最大50％。「環境」では、交通環境の改善に寄与する施設整備で最大100％、環境負荷の低減等を図る施設整備で最大50％。「魅力」では、賑わい・憩いの創出、地域資源活用で最大50％。「安全安心」では、災害に強い都市構造に寄与する施設を整備して最大50％。「共働」では街区から数街区相当のまちづくり計画立案で最大100％となっており、合

計400%の容積率上乗せとなっている。

国家戦略特区で航空法高さ制限の特例承認

都心部機能更新誘導方策による容積率特例制限制度を活用しても、福岡都心のオフィスビルの建て替えが進みにくい要因のひとつが航空法による高さ制限であった。福岡空港が都心に近いことがアクセスの良さから都市の評価を高めてきたが、不動産業の評価は低い。福岡空港から4kmの博多駅周辺は高さ約60m、5kmの距離にある天神地区は70m程度となっており都心に100mを超える超高層ビルを建てられないからだ。

この航空法による高さ制限について、少し緩和された。国家戦略特区に選ばれた福岡市は「グローバル創業・雇用創出特区」による規制緩和の一環として、建物の高さ制限のエリア単位での特例承認を提案していた。福岡市からの提案を受けて、国土交通省は2014年11月、航空法の運用を改善していくことで天神地区の明治通り周辺約17ヘクタールにおいて街区単位で認められる高さの目安を示した。

全国初の適用となるエリアは、東は那珂川、西は天神西通りまでの約700m、南北は明治通りを挟みそれぞれ1街区・約80mの幅を持つ区域だ。同地区が高さ76・1mへと一律に特例承認を受けられるようになった結果、既存のビルに比べて最大で約10m高、階層で2階分の上積みが可能となった。同地区内には約100棟の建物があり、その多くが建て替えの時期にきているとみられている。

都心部での機能更新のスピードアップを図る

行政の策定する長期的ビジョンや法的規制緩和の外に都市再生に不可欠なのが自発的な民間の力だ。天神地区では2008年6月に西日本鉄道、九州電力、福岡銀行、西部ガスなど地区内地権者の35者で「天神明治通り街づくり協議会」(MDC)を設立し、地区の将来像として、「アジアで最も創造的なビジネス街を目指す」を掲げ、会員主体で街づくりを検討してきた。同協議会は「国際競争力を高めるため、業務機能の高度化や建物低層部への集客・交流・創造機能の導入を図る」という土地利用方針のもとに2012年12月、都市計画提案書を策定し福岡市に提出した。翌年9月、都市計画審議会の付議などを経て都市計画決定の告示がなされた。

福岡都心部における航空法による高さ制限

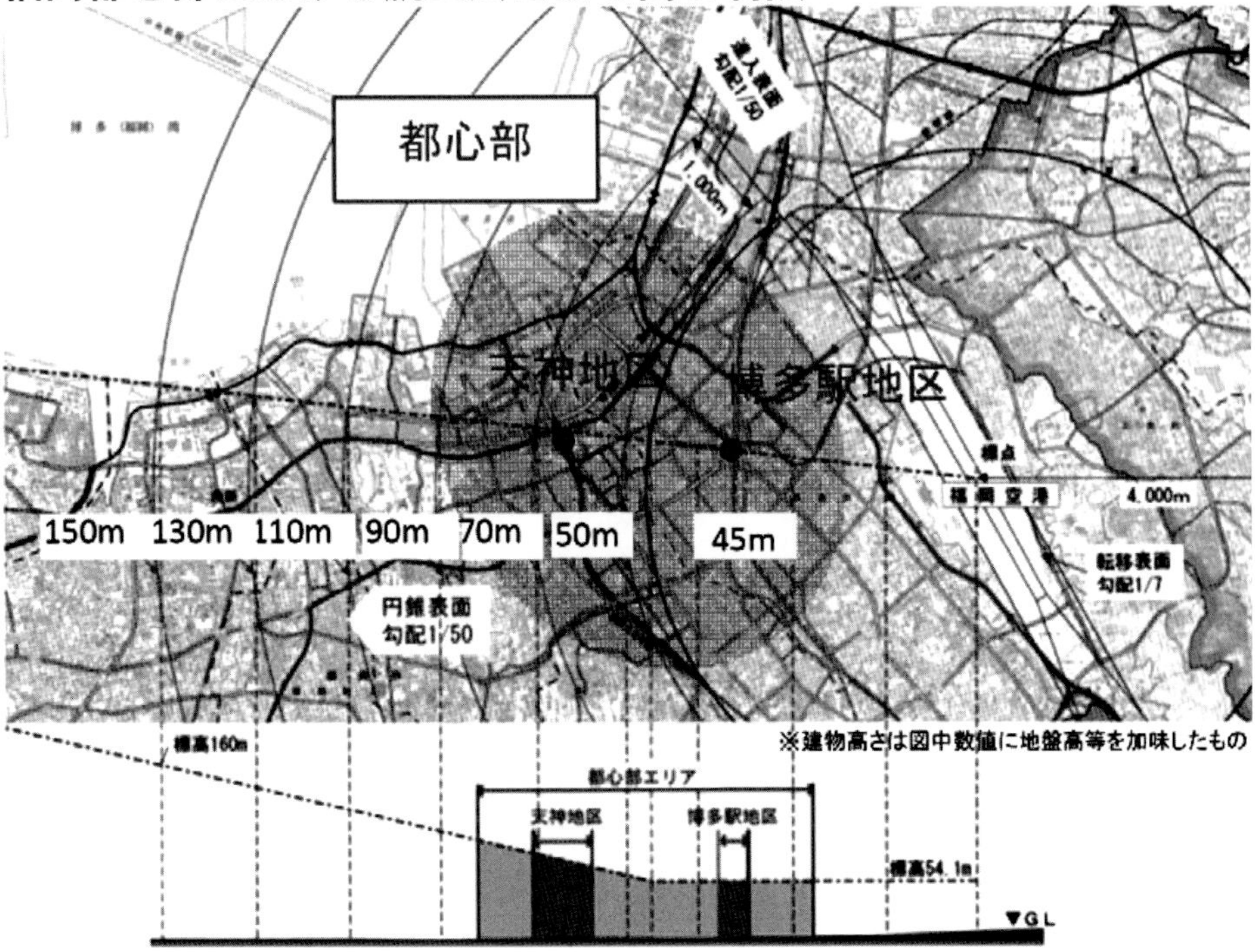

※建物高さは図中数値に地盤高等を加味したもの

福岡市は2014年5月、「福岡市都市計画マスタープラン」を改訂し、従来の全体構想と区別構想に加え、新たに地域別構想「都心部編」を設けた。長期的な視点に立った都市の将来像を明確にし、実現に向けた大きな筋道を明らかにしていくのが、都市計画マスタープランだ。天神地区、博多駅地区、ウォーターフロント地区の3地区の連携を核に福岡の都心部が再開発に向けて動き出し、これから都心での建て替え計画や機能更新計画が具体化していく。「いま正に機運が高まっており、国家戦略特区による規制緩和も生かしながら、都心部の機能更新のスピードアップを図っていきたい」（福岡市都心部再生課）。

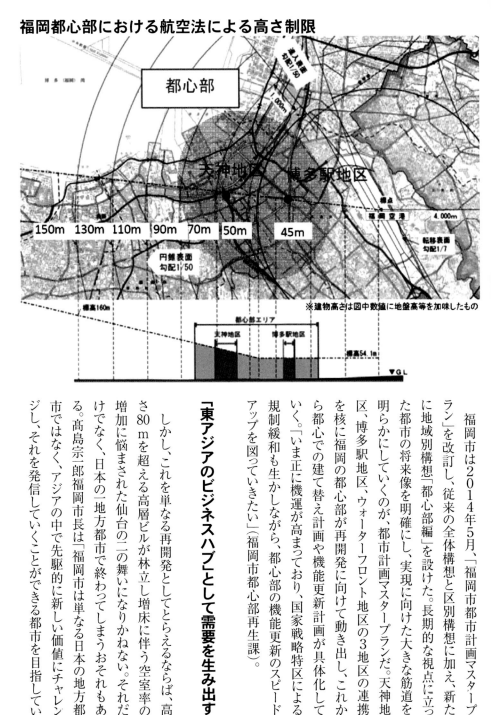

「東アジアのビジネスハブ」として需要を生み出す

しかし、これを単なる再開発としてとらえるならば、高さ80mを超える高層ビルが林立し増床に伴う空室率の増加に悩まされた仙台の二の舞いになりかねない。それだけでなく、日本の一地方都市で終わってしまうおそれもある。高島宗一郎福岡市長は「福岡市は単なる日本の地方都市ではなく、アジアの中で先駆的に新しい価値にチャレンジし、それを発信していくことができる都市を目指してい

く」と語っている

機能更新という都心再生の好機に「東アジアのビジネスハブ」を目指す福岡地域戦略推進協議会（FDC）は「福岡都市圏が東アジアのハブとして、日本・中国・台湾などのビジネスの交流・開発・営業の拠点となり、多様な人材が訪れ、働き暮らしている」姿を将来イメージとして描いている。FDCが発足した2年後に政府が打ち出した「骨太の方針2013」にも「国際競争力のある都市を形成するために、官民の地域の多様な関係者が連携して地域の戦略に基づき、民間の知恵や資金を生かした都市再生や公共交通の活性化を推進する」とある。

FDCのめざす目標は、福岡都市圏（福岡市など17市町）の域内総生産（GRP）を2020年までに2010年比で2・8兆円増の12・7兆円、雇用は6万人増の115万人を目標としている。

■天神・渡辺通地区■

わが国エリアマネジメントの先駆的地区・天神

天神地区が業務機能、商業機能、宿泊機能のすべてにわたって九州最大の集積地で九州全域からの吸引力となる役割を担っていることは誰もが認めるところである。その源泉となったのが、1948年に発足した天神地区の主要商業団体（旧岩田屋、新天町商店街など）による民間組織「都心会」。都心会は行政機関と協力しながら、「秩序ある競争と緊密な連携体制のもとに地域社会の発展に寄与すること」を活動目的に天神地区のまちづくりに貢献してきた。天神発展の背景には、事業者間で意思疎通を図ることのできるソフト基盤が既に確立していたことが一つの要因と考えられている。その終戦直後から培われてきた官民連携体制は今も引き継がれている。

現在、天神地区を代表する官民共働組織「We Love天神協議会（WLT）」（2006年設立）の母体となったのは、天神に快適な空間をつくろうという目的で、地元商店街や百貨店、西日本鉄道、福岡市などで2004年に結成された「天神社会実験実行委員会」だ。WLTの会員は現在104者で、行政と企業、経済団体、市民などに加え、学術団体、NPOも参画する「福岡方式」で、まちづくりの方向やビジョン、組織、事業計画などエリアマネジメントについて検討している。

WLTは、天神のまちづくりに関する再開発、環境、交

福岡都心部の将来的な都市構造（出典『福岡市都市計画マスタープラン』

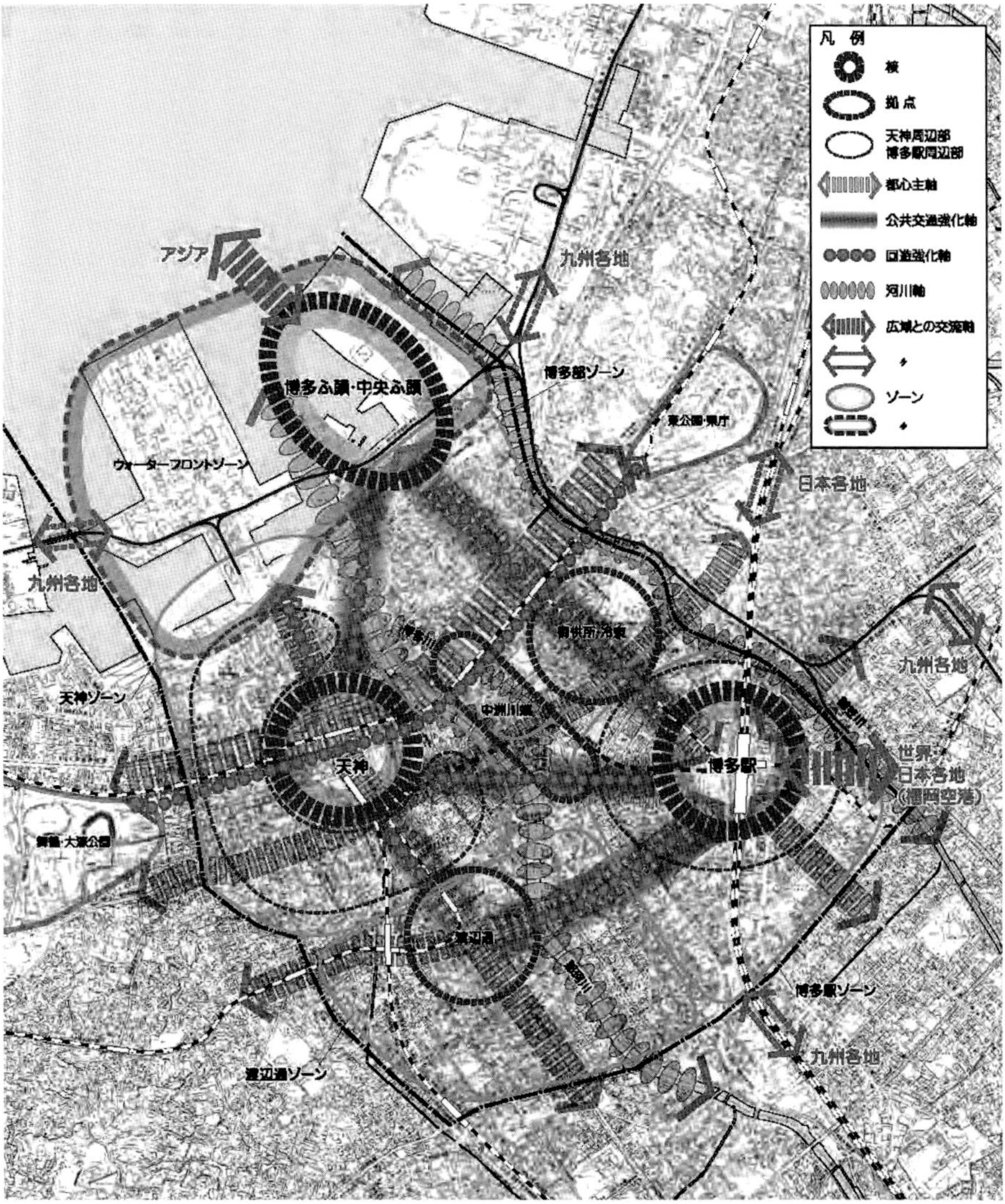

通などあらゆる問題を検討しているが、都市再開発については「都市再開発事業者だけでは解決できず、行政との共働による取り組みが必要。検討主体は再開発事業主体ではなく、エリアマネジメント団体である」というのが基本姿勢。2006年には天神地区全体のまちづくりの「ガイドライン」を打ち出した。

地権者たちが連携して策定したグランドデザイン

WLT協議会が策

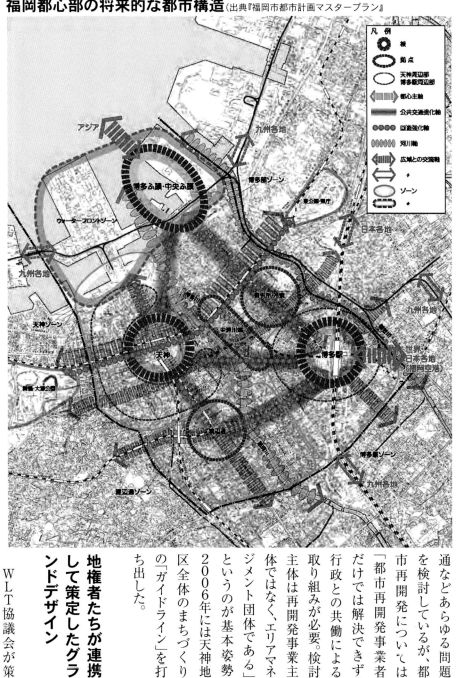

定した「天神まちづくりガイドライン」を受けて、前記した「天神明治通り街づくり協議会（ＭＤＣ）」は、２００９年に天神地区の実現可能な将来像を描くグランドデザインを作成した。対象となるのは昨年、国家戦略特区で航空法の高さ制限が緩和されたエリアと同じ、東は那珂川、西は天神西通りの約７００mの区間、明治通りを中心に南北それぞれ概ね1街区（約80m）の幅をもつ約17ヘクタールのエリアである。都市の中心部で、しかもこれだけの広いエリアでまとまってハード的な更新をするためのルールづくりをしている協議会は福岡市では初めてであった。

グランドデザインは、福岡市が掲げる「九州・アジア新時代の交流拠点」という都市像を踏まえ、「アジアで最も創造的なビジネス街を目指す」という理念を掲げている。その将来像を実現するためには、次の4つの「街の価値」の向上を目指している。①多様な人が集まり交流するための「複合性」②多様な都市機能が相互に結びつく「回遊性」③美しく個性的な街路景観を形成する「沿道性」④環境、社会情勢の変化に対応する「持続可能性」の4つである。具体的な方針としては、「集客・交流・創造などの機能をビル低層部に導入する」「北天神・南天神への連携強化」「立体的な歩行者ネットワーク」などを盛り込んでいる。

このグランドデザインを基に２０１０年に地区計画（方針）を検討し、翌年には地区計画（方針）の合意形成をした。この地区計画をまとめた都市計画提案書を福岡市に提出し、市が都市計画審議会の承認を経て、２０１３年に都市計画決定したのは前記したとおりである。

「福岡ビル」の建て替えで天神再開発スタートへ

天神のど真ん中の明治通りと渡辺通りが交差する四つ角に立っている4つのビルは、長い間「天神のランドマーク」ともいえる象徴的存在だった。東北角のビルは純粋の業務用ビルで、すでに建て替えられている。西南角の旧岩田屋百貨店ビルは同百貨店が西南地区へ移転したため、２０１０年に「福岡パルコ」として装いを新たにした。あとの2つのビル、西北角の「天神ビル」は１９６０年、東南角の「福岡ビル」は１９６１年の竣工で、その建築時からの姿を半世紀以上も変えてはいない。

西日本鉄道は２０１４年12月、その所有するオフィスビル「福岡ビル」を建て替える方針を固めた。この建て替えは天神地区の再開発の一環で、遅くとも10年以内に新しいオフィスビルを完成させる。福岡ビルは地上10階、地下３

まちづくりイメージ図（出所：福岡市国家戦略特別区域会議第２回資料）

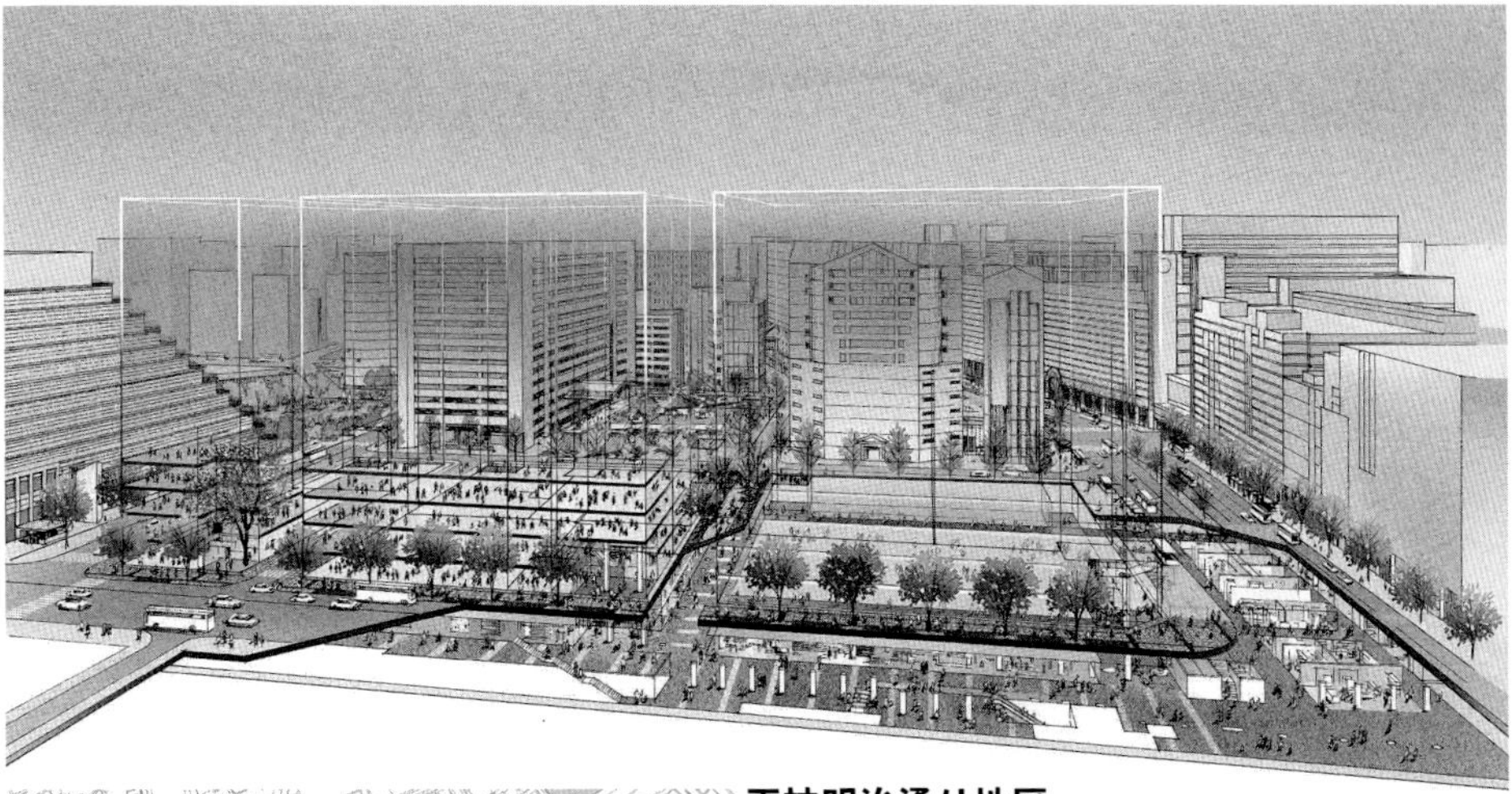

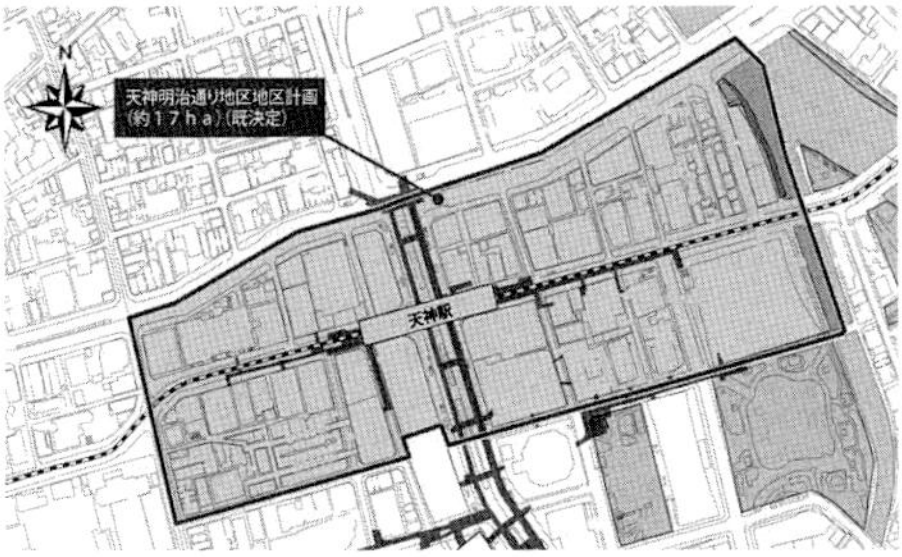

天神明治通り地区

天神明治通り地区は、福岡市中央区天神の都心部の一角であり、天神交差点を含む一帯である。福岡空港から地下鉄で11分、ＪＲ博多駅からも同６分と交通の至便な場所だ。商業を中心とした、にぎわいを見せる天神にあって、金融機関や郵便局、国際会議場などが集積するビジネス機能も充実したエリアとなっている。

対象エリア

東は薬院新川、西は西通りの約700mの区間において、明治通りを中心に南北それぞれ、概ね１街区（約100m～120m前後）の幅を持つ約17haである。

階建てで、延べ床面積約４万３０００㎡。西鉄本社のほか、商業施設やオフィスなどテナント50事業者が入居しているが、完成から半世紀以上たち老朽化が進んでいる。

新しい「天神のランドマーク」を目指す新福ビルは14階建て以上を想定している。もちろん新ビル建築には新たに制定された「容積率特例制度」が適用され、ビルの高さも76mまで可能となる。街の賑わいづくりのため、低層階には飲食店などの商業施設が入る。福ビルの建て替えに伴い、一部で接続する商業ビル「天神コア」（76年竣工）のほか、「天神ビブレ」（同）などの再開発につながる可能性も出てきた。

西鉄はこれまで２０１０年に近接する「日土福岡ビル」を取得するなど、賃貸用のオフィスビルを福岡市内に12棟所有する。天神の明治通り沿いを巡って今後予想される都心再開発で主導的立場にある西鉄が、同エリアの物件を取得することで、将来的な再開発をスムーズに進める狙いもある。

明治通り周辺約17ヘクタールの天神地区再開

発エリアには約100棟のビルが立ち並んでいるが、その多くが建替えの時期を迎えている。福ビル建て替えは地権者らで組織されている「天神明治通り街づくり協議会」（MDC）が策定してきた街づくりの方向性やガイドラインの具体化の先例となることは間違いない。

地場大手デベロッパーも再開発に積極的な動き

地場大手デベロッパー「福岡地所」は2014年12月に、天神のオフィスビル旧「福岡天神第一生命ビル」の土地・建物を取得した。同ビルは明治通りと天神西通りが交差する一等地で、再開発の地区計画域内にあり、将来的には再開発が加速する可能性がある。福岡地所は旧第一生命ビルを取得したことについて「将来的に機運が出てくれば、その一員として再開発もありえる」と言っている。

同ビルはすでに「天神西通りビジネスセンター」と名称を変更している。敷地面積1340㎡、地上12階地下2階建てで延べ床面積1万4400㎡。1978年の建設から、築37年、同ビルの土地・建物の所有権は2014年3月、第一生命保険から大阪に本社がある信託会社に移っていた。福岡地所は、その土地・建物の信託受益権（賃料収入を得られる権利）をSPC（特定名目会社）から取得した。

福岡地所は同地区のほぼ中央に位置する天神セントラルプレイス、福岡日興ビル、西日本ビルを取得し、福神ビルの用地を賃借して、「天神ビジネスセンター（仮称）」（敷地面積約3710㎡）の建設、完成を目指している。天神セントラルプレイスはすでに解体され、更地になっている。新ビルは地下や低層階に飲食店などの商業施設、高層階にオフィスなどが入居する予定だ。また福岡地所グループは、近くの福岡興銀ビルの土地・建物の一部所有権も既に取得している。

天神明治通り地区再開発に「大規模複合施設」は出現するか

戦後の明治通りは、市内電車も走り福岡市の東西を結ぶ幹線道路であったが、今も福岡市の東西を結ぶ基幹道路に変わりない。ソフトバンクホークスの優勝パレードもこの明治通りで開催されるのが恒例となっている。

天神明治通りの大型商業施設と言えば、2014年に増床した福岡パルコのみで東西間の回遊性がないのが現状だ。今後の再開発で多くのオフィスビルが建設され、そ

岩田屋本館・新館

福岡三越

福岡パルコ

博多大丸

れぞれのビルの低層階に小売店、飲食店等が入居しても小規模でバラバラな感じで核となるものがないだけに、街の賑わい性や話題性、集客面で弱いと思われる。

街の活性化と回遊性のためには、大型商業施設もあり観光名所となる「ランドマーク的な大規模複合施設」が必要であろう。

再開発で話題となる大規模複合施設は、東京を代表する国際的な商業・業務・観光拠点を目指し、J・フロントリテイリング（大丸松坂屋百貨店やパルコなどを傘下に置く）や森ビル等が2016年11月開業（予定）する「銀座六丁目地区市街地再開発事業」（東京・銀座松坂屋跡地を含む街区）だ。

地上13階、地下6階の銀座最大級の大規模複合施設は、売り場面積約4万6000平方メートル、事務所床面積約3万8000平方メートル（都内最大級の1フロア貸室面積約6100平方メートル）、地下3階は観世能楽堂、屋上は地域に開かれた約3900平方メートルの屋上庭園、1階は観光ステーションとして「銀座初となる観光バス等の乗降スペースや観光案内所」を整備する。

コンセプトは、「Life　At　Its　Best～最高に満たされた暮らし～」で、優雅で快適、そして心地よいショッピングを日本の国内のみならず世界中のお客様に楽しんでもらえる環境・サービスソリューションを持ち合わせたワールドクラスクオリティを目指している。世界のファションストリート銀座の中央通りに面した幅約115mにおよぶファサードを有する商業施設には、ラグジュアリーブランドをはじめ、ファション、ライフスタイルはもとよりレストラン、カフェなどハイクラス、ハイクオリティの約300店弱のテナントの誘致を計画している。

訪日外国人観光客対応も含め街の回遊性、集客力、賑わい性からも「脱百貨店戦略」を推進するJ・フロントリテイリングが手掛ける開発は、不動産・流通・建築などの業界が注目する再開発だ。

明治通り再開発に大手百貨店進出の可能性は

明治通り再開発に大型商業施設のスペースが生まれれば、大手百貨店、高島屋の進出の可能性も指摘される。3大大手百貨店（大丸松坂屋百貨店、三越伊勢丹、高島屋）で福岡市へ進出していないのは高島屋だけだ。高島屋はJR博多シティ出店に名乗りを上げたが、希望の店舗面積が確保できず博多阪急に決まった経緯がある。

しかし、現在顧客視点からの問題は、「母と娘・親子三世代」をターゲットにする博多大丸と福岡パルコだ。両店ともJ・フロントリテイリング傘下の店で共同販促を行っているものの不便だという消費者の声がある。天神南に位置する博多大丸と明治通りの福岡パルコの距離は徒歩約10分、往復約20～30分と回遊性とワンストップショッピングの面から不便で同じグループ会社は隣接場所にある方がベターということだ。

仮に博多大丸が南天神の現店舗から福岡パルコ近隣ビルに移転し、地下や地上、空中を回廊デッキやペデストリアンデッキ等の連絡通路で結べば明治通りの回遊性も増すであろう。

J・フロントリテイリングは、百貨店、パルコなどのグループ事業を核に地域と一体となった街づくりを行っている。2017年秋開業予定で、東京松坂屋上野店南館立て替えに伴い南館に「パルコ」が入居するのもこのためだ。博多大丸は全国でも別館経営で成功した数少ない店でノウハウもあり、南天神の現建物に入居し約40年になるので将来可能性はないとも言えない。

商業施設でなくても、明治通り再開発には福岡市のランドマークとなる「大規模複合施設」が必要だ。

（画像提供：福岡市　撮影者：Fumio Hashimoto）

天神明治通り再開発次第で、天神地区の人の流れは南進化から反転する

天神明治通りの再開発で商業施設も含む大規模複合施設が完成すれば、今まで南進化していた小売業の人の流れは明治通りの北へ反転するかもしれない。

1970年当時天神の人の流れは岩田屋（現福岡パルコ）と新天町間が中心であったが、1971年、ダイエーショッパーズのオープン後は、人の流れは明治通りから北進しダイエーと岩田屋、新天町間に移った。その後1975年博多大丸が博多区呉服町より天神南に移転。天神地下街がオープンした1976年以降、流れは北から南へ。そして1989年のソラリアプラザ、イムズの開店後、西鉄福岡天神駅の南下もあり南進化は加速した。1997年の福岡三越、博多大丸エルガーラオープンで決定的となった。

戦後の明治通りは福岡部と博多部の東西間の主要幹線で岩田屋（中央区天神）、福岡玉屋（博多区中洲）、博多大丸（博多区呉服町）と福岡市内百貨店は沿線にあり、賑わいがあった。明治通りが昔のような賑わいを取り戻し、人の流れと回遊性が図れるかどうかは再開発次第だ。

■博多駅周辺地区■

天神に追いつき追い越せの博多駅地区の業務・商業機能

かつて福岡の都心は天神地区という「点」による一眼レフだったが、近年の博多駅地区の台頭により、天神地区と博多駅地区という二眼レフ化し、ひとつの「線」をなしつつある。もともと博多駅地区は1963年に博多駅の現在地への移転を機に、周辺に大型ビルの建設が相次いだことで誕生した。その後75年には山陽新幹線が博多駅に乗り入れ、さらに福岡空港に近接する利便性で、広域的なビジネス街として急速に成長してきた。そして2011年の九州新幹線の全線開業と新博多駅の開業で、その成長スピードに拍車がかかった。

本誌が2004年11月に実施した博多駅地区に関してのアンケート調査では、「JR線、地下鉄線、新幹線があり、さらに空港への交通の便がよい」「遠距離交通の拠点である」「大手企業の支店や地場企業の本社も多く、ビジネス拠点である」「飲食店や宿泊設備が充実している」と評価する声があった。

その一方で、「商業施設が不足気味で、回遊性に欠ける」「天神地区にはないような商業施設や文化施設が欲しい」「駅および周辺公園のホームレス問題」「バス停が分散してわかりにくい」「博多駅で分断されている駅南への公共交通網の改善」などの意見や要望があがっていた

JR博多シティの開業を挟むこの10年で、鉄道やバスなどの交通機関における相互乗り換えの円滑化を図り、駅ビル内の水平や垂直移動の動線を再整備し、筑紫口側と博多駅側との一体となったビジネス街としての機能強化を図った。立体的なネットワークの充実と都心回遊性の起点としての演出による新たな賑わいを創出している。さらにビジネスマンなどを支援する「学び」の機能として、九州大学のサテライト教室を設け、ビジネススクールも開設した。地区の市民や企業、団体などの参加によるエリアマネジメント組織「博多まちづくり推進協議会」も設立し、地区のまちづくりを推進している。

天神地区よりビジネス集積が進む博多駅地区

意外なことだが、博多駅地区の売り場面積の購買力は相対的に高い。「福岡市の商業」によると、博多駅地区の

博多駅中央街ＳＷ計画（仮称）の完成予想イメージ図

新博多ビル（仮称）の外観イメージ・パース

博多駅中央街ＳＷ計画（仮称）と新博多ビル（同）との接続通路

新博多ビル（仮称）の低層階イメージ・パース

※設計および関係機関などとの協議によって変更される場合がある

売り場面積1㎡あたりの小売額は、天神地区のそれを上回っている。

また、博多駅地区における調査・情報サービス業の事業所数の増加も天神中心エリアよりも顕著だ。一方、ホテルも博多駅地区に集中しており、その要因として、福岡空港に近く、JR線をはじめとする九州内外への交通アクセスの良さが挙げられる。これに対して天神地区では、中心部を避けて、周辺部にホテルを建設して供給するケースが目立っている。

これらのことから類推しても、博多駅地区の方が天神地区よりビジネスの集積が進んだことが想像でき、結果として、この20年間で博多駅地区の従業員数は天神・赤坂・大名地区を逆転し、都市中心部におけるビジネス街としての地位を高めてきた。

新幹線全線開業後は売り場面積が2・5倍に急増

2011年3月の九州新幹線全線開業や阪急百貨店を核テナントとするJR博多シティの開業で博多駅周辺地区の回遊性が増し、福岡を訪れる人が増加することで商圏がこれまで以上に広がるであろうとみられていた。しかし、天神地区の百貨店や専門店、またキャナルシティ博多はJR博多シティ開業直後は大きく売上げを落としており、買い物客が大幅に増加した博多駅周辺地区に対して求心力が低下したことが裏付けられた。それまで周辺地域から吸収する立場であった天神の各店やキャナルシティ博多は、この事態に対し、2011年夏から秋にかけて相次いで増床や改装、新ブランドの投入などの対決姿勢を強め、JR博多シティとの競合に挑んでいる。

21世紀に入ってから、博多駅周辺地区の商業機能の成長スピードは速かった。日本投資銀行の調べによると博多駅周辺地区の小売商業売り場面積は九州新幹線全線開業前の2007年には6万7000㎡だったのが、2011年には16万7000㎡と、5年間で実に148%も増えている。天神地区の増加率5%（市全体の増加率は7%）に比べたら驚異的な数字だが、売り場面積の全体数を比べたら、天神地区の31万㎡に比べ博多駅周辺地区は16万7000㎡にすぎず、天神地区の約半分というのが現実だ。

容積率緩和案件第1号は博多駅南西街区

現在、博多駅西南街区の博多郵便局跡地で日本郵便の「博多駅中央街SW計画」の商業ビルの建設工事が、2016年春の開業を目指して進行中だ。地上11階・地下3階のこのビルは、前記した福岡市の都心部機能更新誘導方策の適用第1号案件で、容積率は従来の容積率800%から1100%に緩和された。

高さも地上高約60mで隣接するJR博多シティと同じ高さだ。福岡空港に近い博多駅地区は航空法上の高さ制限は地上高50mだが、JR博多シティの建設時に国との協議により個別緩和で、既存ビルに設けられた避雷針までと同等の地上高約60mが認められた。今回のビル建設でも個別緩和が認められた。

この建設中のビルの南側、日本郵便の博多郵便局駐車場跡地とJR九州所有のビル跡地で、日本郵便とJR九州の両者は共同で、地上12階・地下3階の「新博多ビル（仮称）」を建設する。オフィスビルとして九州最大級の同ビルは、地下1階から地上2階までの低層階は商業施設で3階以上はオフィスフロアだ。1階には博多郵便局が入居する。開業は、隣接するSW計画のビルと同じ2016年春を予定している。

両ビル間は地下通路・貫通道路・回廊デッキという地下・地上・空中の三層構造で回遊性を高める。なかでも2

(C) Fukuoka D.C. - Freedman Tung + Sasaki Urban Design - Timothy Wells 2013

(C) Fukuoka D.C. - Freedman Tung + Sasaki Urban Design - Timothy Wells 2013

(C) Fukuoka D.C. - Freedman Tung + Sasaki Urban Design - Timothy Wells 2013

(C) Fukuoka D.C. - Freedman Tung + Sasaki Urban Design - Timothy Wells 2013

階に設ける回廊デッキは博多交通センター～JR博多シティ～SW計画ビル～新博多ビルを結ぶ。これらの取り組みに福岡市の特例制度が適用され、容積率は1140％に緩和された。地上高は隣接ビルと同じ約60mだ。

地下鉄七隈線の延伸で期待される賑わい

このように都心3地区再開発のトップを切って博多駅周辺地区の再開発が始まっているが、産学官組織「福岡地域戦略推進協議会」（FDC）の都市再生部会は2013年3月に「博多周辺分科会」を設置している。同分科会は博多駅を中心とした半径1～1・5キロのエリアが対象で、官民一体となってビルの建て替えや不動産投資を促す開発戦略を検討している。分科会発足時に分科会会長を務めた本郷譲JR九州専務は「分科会では、駅周辺の開発事業の効果を最大限に引き出し、駅周辺地域全体にと波及させることが重要だと考えている」と語っている。

分科会で策定した基本計画は、FDCに報告されており、今後のまちづくりに活用されることとなる。博多駅周辺地区は、2020年までに市営地下鉄七隈線が博多駅まで延長されるので、さらなる賑わいが期待されている。

■ウォーターフロント地区■

外国航路旅客数が日本一の海に開かれた国際都市

福岡空港と博多港を利用して入国する外国人旅行客は、昨年（2014年）ついに年間100万人を突破した。特に博多港の外国航路旅客数は1993年以来、連続21年間日本一で、常に年間80万人台をキープしている海に開かれた国際都市でもある。

福岡・博多は古来から、いわば「海が育てたまち」だった。たしかに福岡は「海を利用」しての臨海部開発を手掛けて来た半面、「海を生かした」取り組みやまちづくりでは不十分な面もあった。その結果、臨海都市にもかかわらず、多くの市民が横浜や神戸などと違い海や港を実感せずに生活している現実もある。海が北向きに面しているので、博多港は生き生きと躍動する「天神」の裏側にある「日陰もの」という感じは否めなかった。

かつては港の交流と賑わいをつくる複合施設「博多港ベイサイドプレイス」が1991年に開業し、一時は年間来場者500万人超と市内有数の集客力を誇ったが、交通アクセスの不便さなどからいつのまにか衰退し、運営会社は自己破産した経緯もある。今は利用促進や周辺エリアの整備を進めるため、地場の有力企業による「ベイサイドプレイス博多協力会」が設立されている。

福岡市が進めている博多ふ頭と中央ふ頭を核とするウォーターフロント地区開発は、自然に発展する天神や博多駅周辺にはない難しさがあり、戦略的な整備が求められている。

長期的スパンで人が交流する賑わいの場をつくる

福岡市は2014年9月、ウォーターフロント地区（中央ふ頭・博多ふ頭）が『福岡の顔』となる都心部の新拠点づくりを目指して「ウォーターフロント地区再整備の方向性」を策定した。この基本計画は、国家戦略特区」指定との相乗効果を狙い、10～20年かけて同地区を整備していくものである。

「ウォーターフロント地区は海の玄関口でもあり、MICEゾーンでもある。再整備に向けては、ウォーターフロント地区を天神渡辺通地区、博多駅周辺地区に並ぶ第三の

博多港でのクルーズ船の受け入れ環境の強化を図る
（画像提供：福岡市　撮影者：Fumio Hashimoto）

ベイサイドプレイス博多（画像提供：福岡市）

福岡国際会議場（画像提供：福岡市）

マリンメッセ福岡（画像提供：福岡市）

拠点にしていきたい」（福岡市ウォーターフロント再整備推進部）という。まず短期的な取り組みとして、国際会議場や展示場、新設ホテルで構成する《MICE・賑わいゾーン》、クルーズ船の受け入れ環境を強化する《人流複合ゾーン》など、各地区の特色を出しながら進めていく。したがって整備期間のスパンは長く、まず手近なものから整備していこうという手法をとっている。

この再整備計画の先行モデルとなっているのが、横浜市の「みなとみらい21地区」（MM21）だ。同地区は横浜市西区と中区にまたがる東京湾の埋め立てを主体にした地区（186ヘクタール）で、1980年代から就業人口19万人、居住人口1万人を目指して開発が始まり、福岡市3地区と同じく、国の都市再生措置法による都市再生緊急整備地域に指定された。

MM21では、横浜市などが出資して2009年に設立した第3セクター「株式会社横浜みなとみらい21」が国際会議場施設の横浜国際平和会場（パシフィコ横浜）を運営し、周囲には、商業施設や飲食店が入る高層ビルやホテルが整備されている。この結果、国際会議場に加え、結婚式など個人イベントの需要も生まれ、現在では市民の賑わいの場になっている。

ＭＩＣＥ戦略を策定し、施設整備に取り組む

福岡市の国際会議開催件数は２００９年から２０６件、２１６件、２２１件、２５２件、２５３件と5年連続で東京に次いで2位（3位は京都）の座をキープしている（日本政府観光局調べ）。

この実績が認められて２０１３年に6月には、東京、横浜、神戸、京都の4都市とならんで観光庁から「グローバルＭＩＣＥ戦略都市」に指定された。同戦略都市は、これから世界に勝てるＭＩＣＥ都市をつくっていく目的で選定されたもので、これから国と一体となってＭＩＣＥ誘致・開催を強化していく。

ＭＩＣＥとは、国際会議（Ｃｏｎｖｅｎｔｉｏｎ）だけでなく、企業の会議、研修旅行、展示・見本市・イベントなどの英語の頭文字を組み合わせたもので、多くの集客交流が見込まれるビジネスイベントなどの総称だ。

福岡市はこれまで経済観光文化局にコンベンション観光課を設置していたが、２０１３年から同課を「ＭＩＣＥ推進課」と改名して再スタートさせた。産学官の福岡地域戦略協議会も観光部会を設置し、「東アジアのビジネスハブ」を目指してＭＩＣＥ戦略を策定し、施設整備の提案をしている。

福岡市の会議場の稼働率は80％を超える活況

海外に目を転じれば、福岡市の構想をさらに大規模にした取り組みもある。シンガポールは、ＭＩＣＥ施設とカジノ、劇場などの複合施設があり、民間企業が一括して運営する。カジノの売上げる利益で、利益の出にくい会議場の維持費をまかなっている。このカジノ効果もあり、２０１３年度のシンガポールでの国際会議は１７５件で、アジア・大洋州地域の都市別開催数で第1位を誇っている。

ちなみに福岡市で開催された国際会議（参加者総数50人など一定条件を満たすシンガポール開催と同規模のもの）は12件だった。ＭＩＣＥ施設の整備が進み、国際会議が増えれば、世界における福岡の知名度が向上し、起業家にも強くアピールできる。

「海外では会議場の稼働率が50％を超えた段階で、次の施設を考え始める。福岡市の会議場施設の場合は軒並み80％を超えており、待ったなしといえる。今後も伸びる可能性が高い場所だけに、10年、20年といわず、できる限

ウォーターフロント地区の将来イメージ

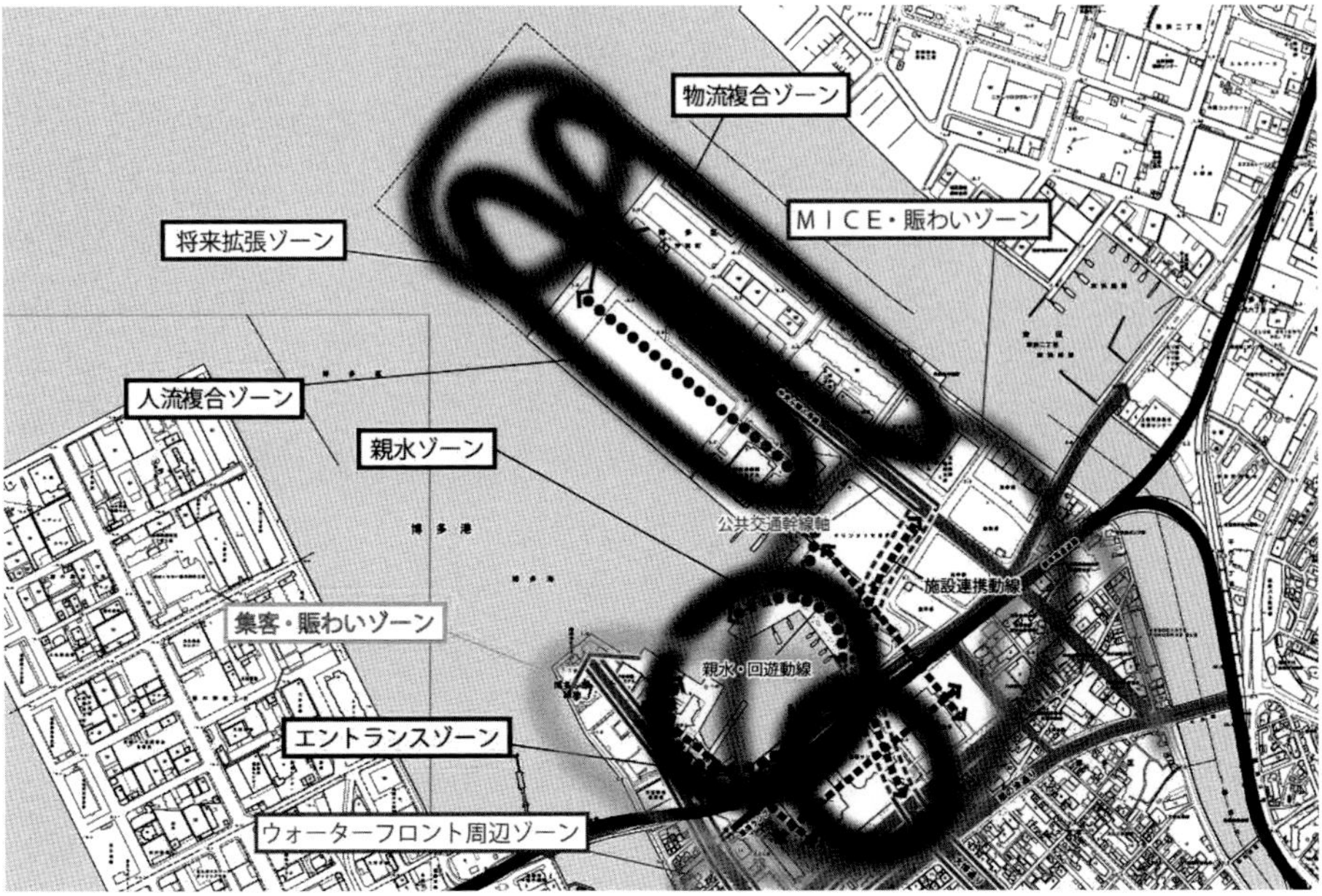

り早く整備すべきだ」（公益財団法人日本交通公社）という意見もある。

ウォーターフロント地区にある4会議場の2012年の稼働率は、マリンメッセ福岡が83・0%、福岡国際センターが86・9%、福岡国際会議場が70・7%、福岡サンパレスが72・4%だった。

展示場新設で500億円の経済波及効果

福岡市は、ウォーターフロント地区で国際会議から宿泊、買い物、娯楽まで1カ所でまかなえる「オールインワン」のまちづくりを目指している。

現在、ウォーターフロント地区にあるマリンメッセ福岡（展示面積約8000㎡）や福岡国際センター（同3500㎡）は稼働率が高く、年間で約50件程度の会場使用を断っており、経済的な機会損失は約190億円に上るという。このため両施設の中間の規模となる展示面積約5000㎡程度の第2期展示場を建設する計画だ。

マリンメッセ福岡南側に建設予定の第2期展示場は、概算整備費で約45億円を見込み、新設によってMICE参加者約65万人を見込み、直接効果で約200億円、経済波及効果で約500億円を弾いている。

この第2期展示場整備を担当している福岡市コンベンション部では「今回行政サイドで第2期展示場などを整備する一方で、今後民間サイドで手掛けていくホテルや飲食・物品などの賑わいの施設などと一体的に取り組んでいくことで市民に楽しんでもらえる空間づくりを目指す」としている。

「新展示場はできるだけ早期に検討したい。ソフト面ではMICE都市トップ5にも選ばれており、この流れをさらに前に押し進めていきたい」という福岡市経済局MICE推進課は「MICE誘致競争で福岡市が他都市に勝てる要素は、官民連携の強さだ。市はハード・ソフト面のプラットホームをきちんと提供し、そのプラットホームで民間企業がしっかり連携して活動していける環境づくりをしていきたい」と官民連携を強調している。

将来ビジョン「ベイシティ・ふくおか」の今

2009年に福岡市が策定した「ウォーターフロント地区再整備の方向性」の中で、「近年ではアジアからのクルーズ船の寄港や国際会議の増加により国内外の多くの人々が訪れる一方で、これらの需要に対応できていない。また、アクセス性や回遊性、賑わいなどが不足していることから、都心の貴重な海辺空間が十分に生かされておらず、市民が気軽に楽しめる、身近な空間になっていない課題がある。このことからウォーターフロント地区のポテンシャルを十分に発揮するための再整備が必要になってくる」と同地区の回遊性や賑わい不足を指摘していた。

このため福岡市は同地区を①集客・賑わいゾーン②MICE・賑わいゾーン③エントランスゾーン④人流ゾーン⑤親水ゾーン⑥物流複合ゾーン⑦将来拡張ゾーン⑧ウォーターフロント周辺ゾーンと8つのゾーンを設定し、エリア内の既存施設立地状況をなどを考慮して、「導入機能」「交通」「回遊」の3つの観点から再整備を進めていくことにした。

例えば、「回遊」について同地区と新幹線が乗り入れる博多駅を結ぶ大博通りに次世代路面電車・LRTを走らせるという提案がある。LRT建設費は、財団法人運輸製作研究機構によると1キロ当たり15億円ないし25億円と試算されており、地下鉄建設の10分の1ないし20分の1のコストですむ。このため、博多駅～博多ふ頭・中央ふ頭方面のLRTは、100億円弱で可能となる見込みだ。

つまり、博多湾内のシーサイドももちやアイランドシ

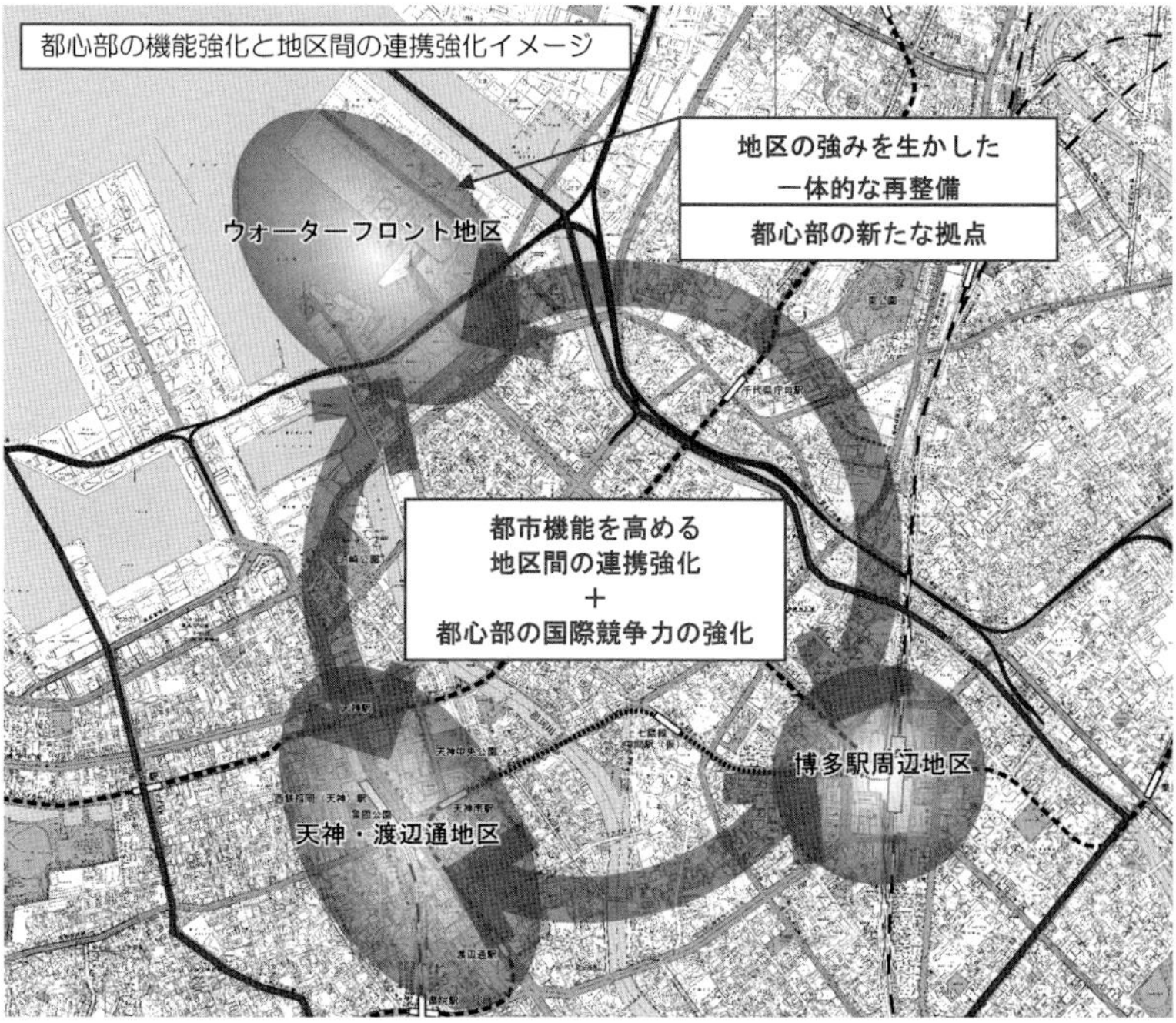

ティなどとの海上交通の構築、博多ふ頭周辺のウォーターフロント整備による「海の玄関口」づくりの実現、LRTを活用した都心との交通アクセスの整備を図っていく構想だ。このような海を生かしたまちづくり、博多湾を取り込んだ試みは、海を臨む都市「ベイシティふくおか」の特性を生かした施策だと考えられる。

リバーフロント整備で「歩いて楽しい街づくり」へ

天神と博多、ウォーターフロントの3地区の再開発による都心再生が期待されているが、残念ながら現在の3地区、特にウォーターフロント地区は独立色が強く、天神、博多駅周辺地区との回遊性は低い。3地区のそれぞれの間隔は約2キロと、人が歩いていける距離。それが「コンパクト都市」福岡の魅力でもある。

福岡地域戦略推進協議会（FDC）の都心再生戦略は、3地区をつなぐ回遊性を打ち出して、さらに博多湾に注ぐ那珂川や博多川沿いの緑化などを提案する。特にリバーフロントをウォーターフロントにつなぐFDC戦略を具体化できるかどうか、これからの官民の実行力が問われてこよう。

福岡市における三世代区分による人口推計

※2010年は確定値、2015年以降は推計値

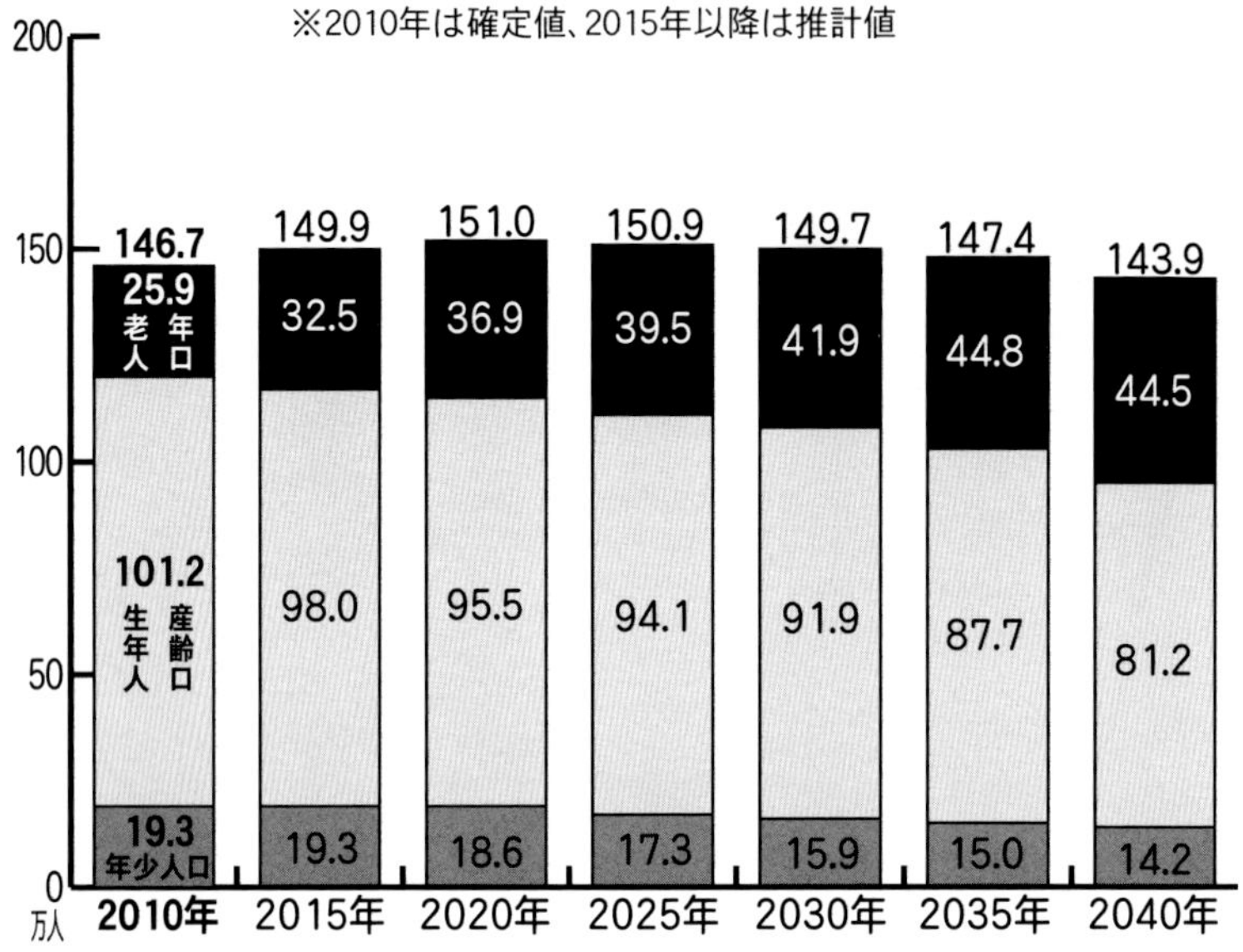

福岡県における三世代区分による人口推計

※2010年は確定値、2015年以降は推計値

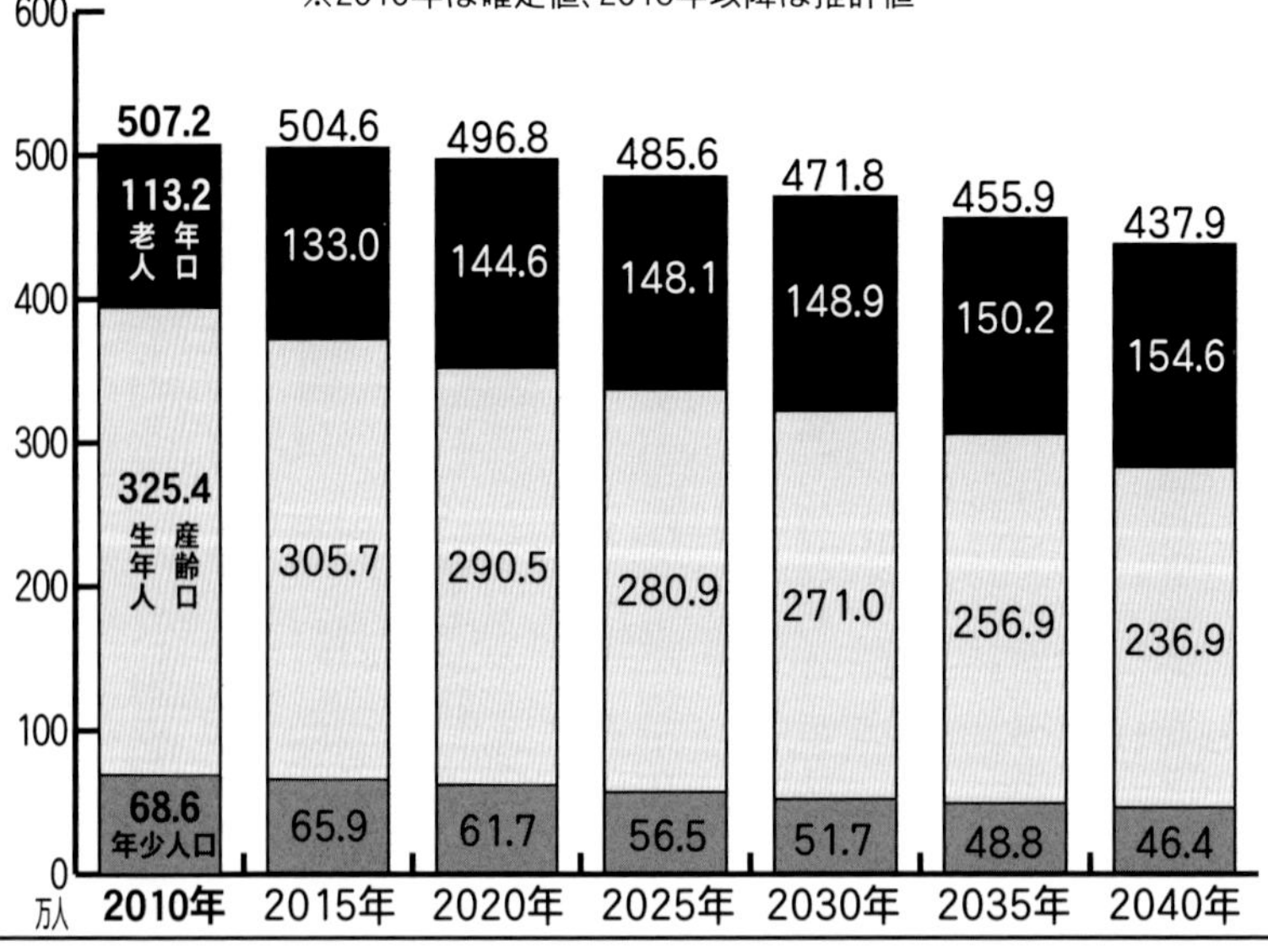

FRF53-13

九州における三世代区分による人口推計

※2010年は確定値、2015年以降は推計値

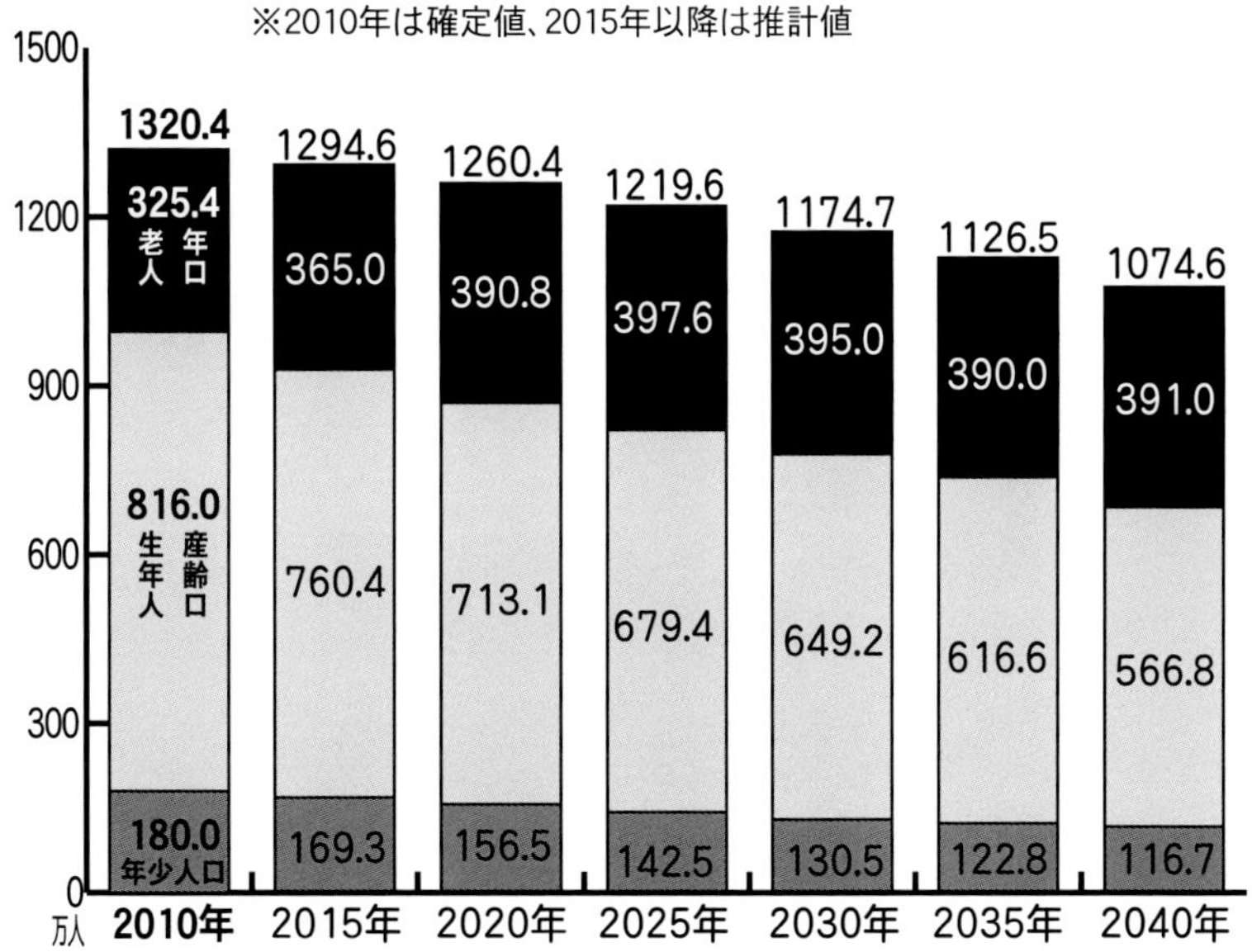

出典）国立社会保障・人口問題研究所『日本の地域別将来推計人口（2013年3月推計）』
出所）2010年国勢調査をもとに推計
若年人口：0歳～14歳、生産年齢人口：15歳～64歳、老齢人口：65歳～

FRF53-13

福岡県内における中心市街地活性化基本計画の認可状況

※は計画期間満了分

『北九州市(小倉地区)中心市街地活性化基本計画』※
◎認定日　／2008年7月9日
◎計画期間／2008年7月～2013年3月
◎計画区域／380ヘクタール
◎備　考　／『世界の環境首都を目指す北九州市の広域都市圏の中心核(顔)にふさわしい機能・環境・つながりを創出する先進都心・小倉』が基本的な考え方

『北九州市(黒崎地区)中心市街地活性化基本計画』※
◎認定日　／2008年7月9日
◎計画期間／2008年7月～2013年3月
◎計画区域／70ヘクタール
◎備　考　／「クロスロード黒崎　人が集い、暮らし、交流する、賑わいあふれる副都心」が基本的な考え方

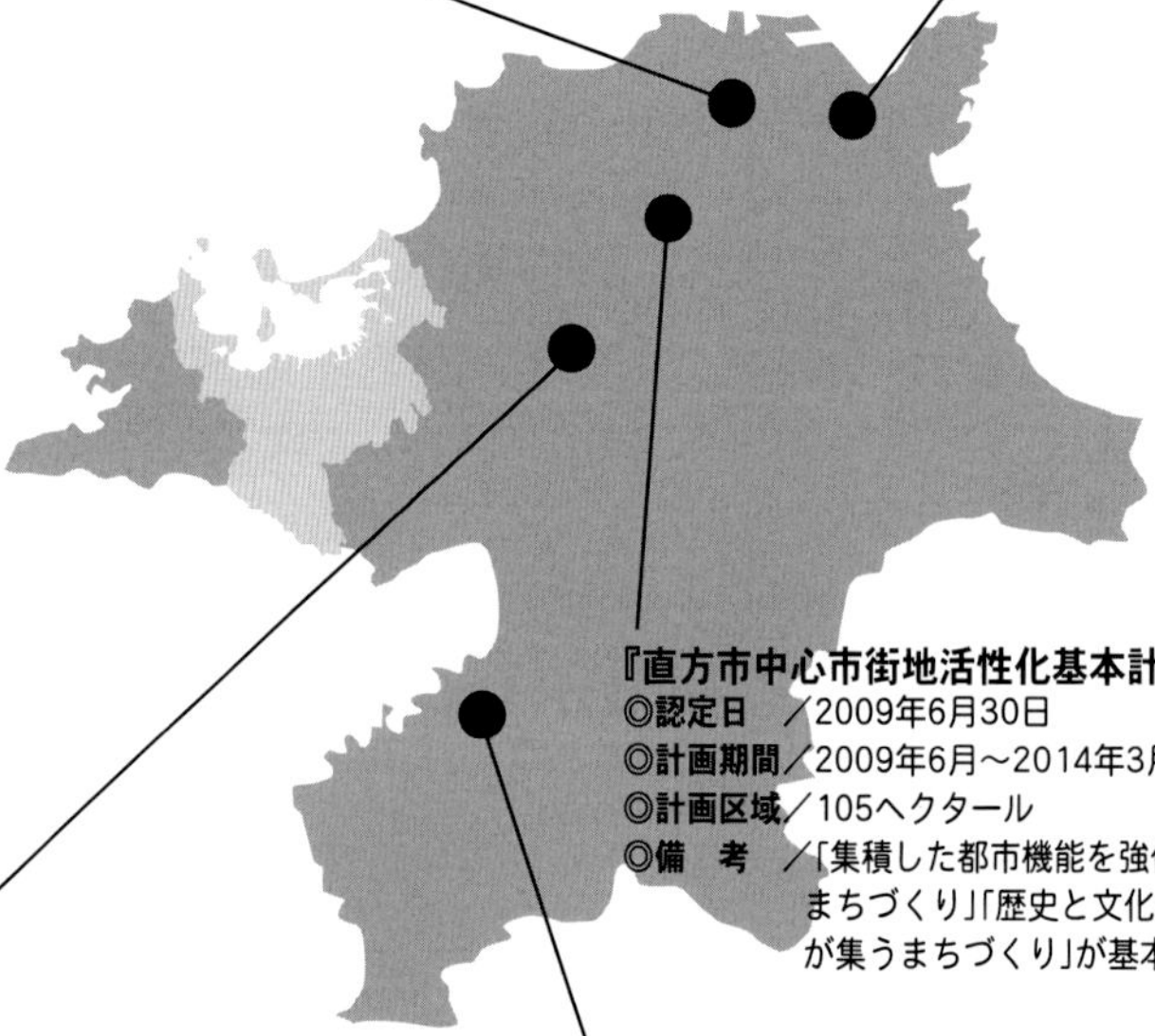

『直方市中心市街地活性化基本計画』※
◎認定日　／2009年6月30日
◎計画期間／2009年6月～2014年3月
◎計画区域／105ヘクタール
◎備　考　／「集積した都市機能を強化し、ひとが行き交うまちづくり」「歴史と文化の集積を活かし、ひとが集うまちづくり」が基本方針

『飯塚市中心市街地活性化基本計画』
◎認定日　／2012年3月29日
◎計画期間／2012年4月～2017年3月
◎計画区域／99.6ヘクタール
◎備　考　／『子どもの笑顔 高齢者のなごみ おもてなしの心が育む コミュニケーションタウン』～協働と思いやり、たくましさ、「生きる力」を学ぶまち～が基本コンセプト

『第2期久留米市中心市街地活性化基本計画』
◎認定日　／2014年3月28日
◎計画期間／2014年4月～2019年3月
◎計画区域／153ヘクタール
◎備　考　／「人に優しい スローライフが輝く街」が活性化の方針

FRF58-41

九州内(除福岡県)における中心市街地活性化基本計画の認可状況

『唐津市中心市街地活性化基本計画』
◎計画期間／2010年3月～2015年3月
◎計画区域／142ヘクタール
『第2期豊後高田市中心市街地活性化基本計画』
◎計画期間／2012年４月～2017年３月
◎計画区域／71ヘクタール
『小城中心市街地活性化基本計画』
◎計画期間／2009年6月～2015年3月
◎計画区域／104ヘクタール
『別府市中心市街地活性化基本計画』※
◎計画期間／2008年7月～2013年3月
◎計画区域／120ヘクタール
『山鹿市中心市街地活性化基本計画』※
◎計画期間／2008年11月～2013年３月
◎計画区域／146ヘクタール
『大村市中心市街地活性化基本計画』
◎計画期間／2009年12月～2015年3月
◎計画区域／78.3ヘクタール
『第2期大分市中心市街地活性化基本計画』
◎計画期間／2013年４月～2018年３月
◎計画区域／153ヘクタール
『熊本市(植木地区)中心市街地活性化基本計画』
◎計画期間／2009年12月～2005年3月
◎計画区域／58.1ヘクタール
『第2期諫早市中心市街地活性化基本計画』
◎計画期間／2014年4月～2019年3月
◎計画区域／105ヘクタール
『佐伯市中心市街地活性化基本計画』
◎計画期間／2010年3月～2015年3月
◎計画区域／157ヘクタール
『2期熊本市(熊本地区)中心市街地活性化基本計画』
◎計画期間／2012年4月～2017年3月
◎計画区域／415ヘクタール
『八代市中心市街地活性化基本計画』※
◎計画期間／2007年5月～2012年3月
◎計画区域／156ヘクタール
『第2期鹿児島市中心市街地活性化基本計画』
◎計画期間／2013年4月～2018年3月
◎計画区域／381ヘクタール
『日南市中心市街地活性化基本計画』
◎計画期間／2012年12月～2017年3月
◎計画区域／73.3ヘクタール

FRF58-41

福岡市：対都市圏との人口移動 ―2013年―

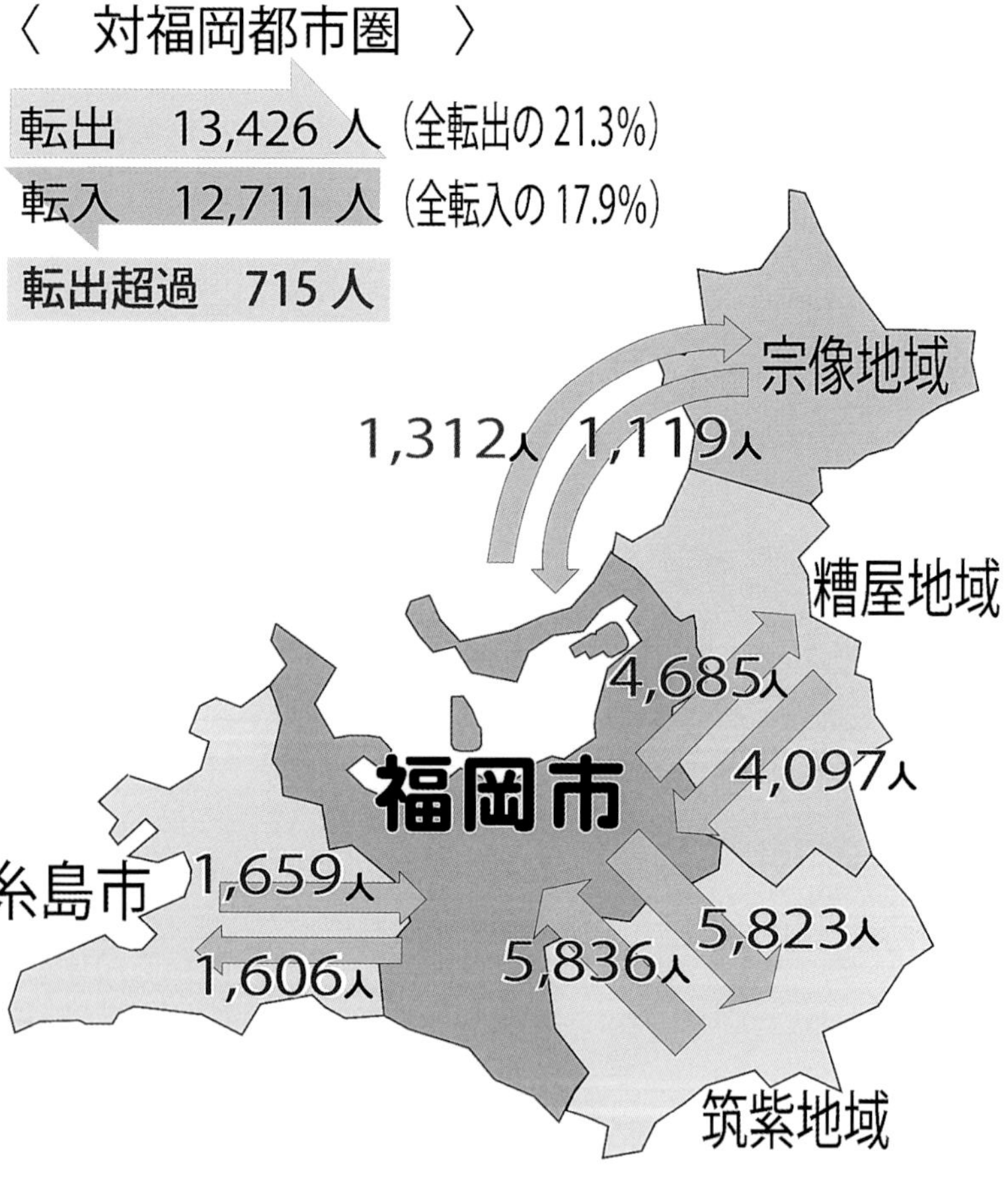

資料）住民基本台帳
出典）『平成26年版　グラフで見る福岡市』(2014年7月発行)

福岡市：対全国との人口移動 —2013年—

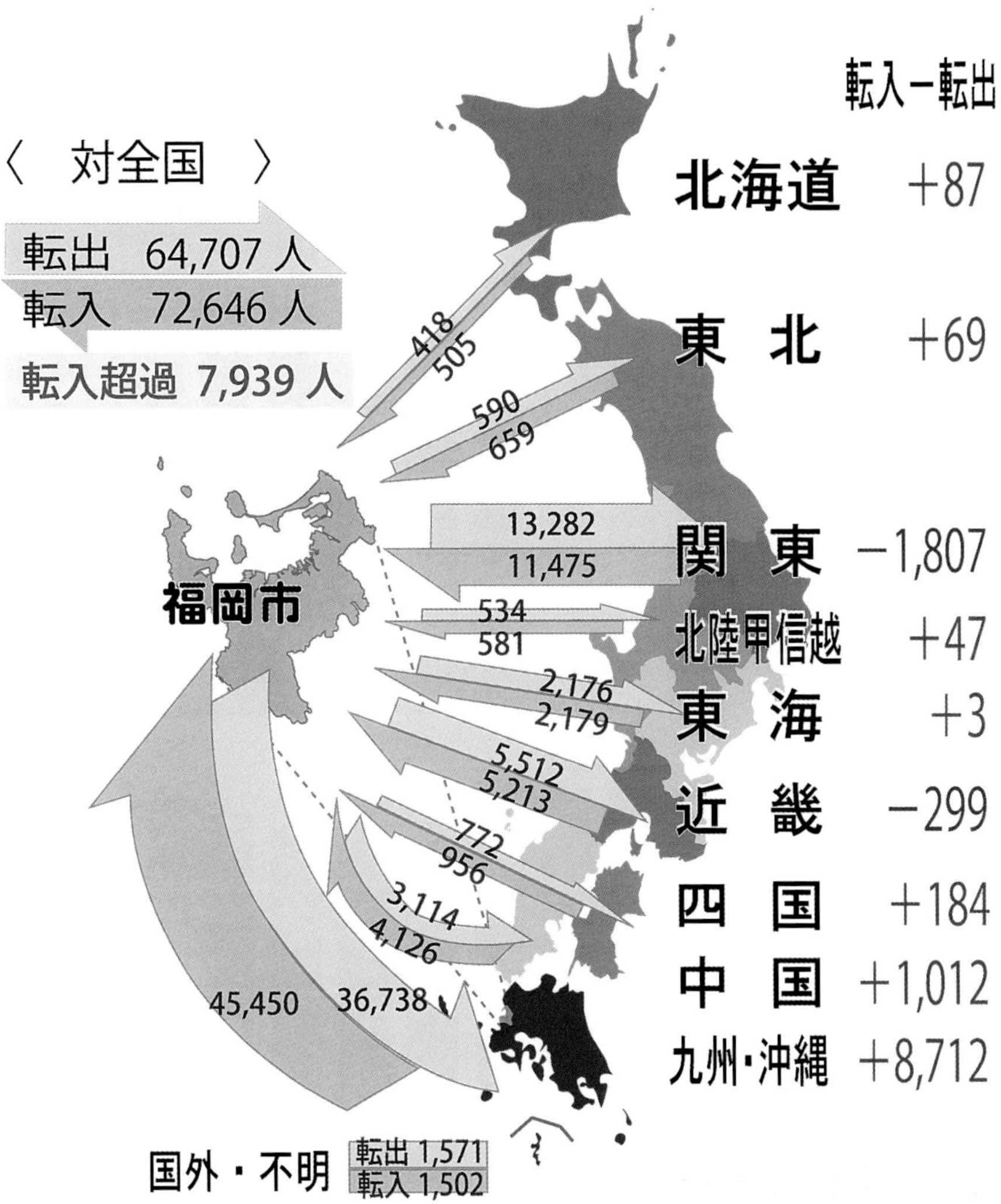

資料）住民基本台帳
出典）『平成26年版 グラフで見る福岡市』(2014年7月発行)

福岡県における総固定資本形成の推移(支出側・名目)

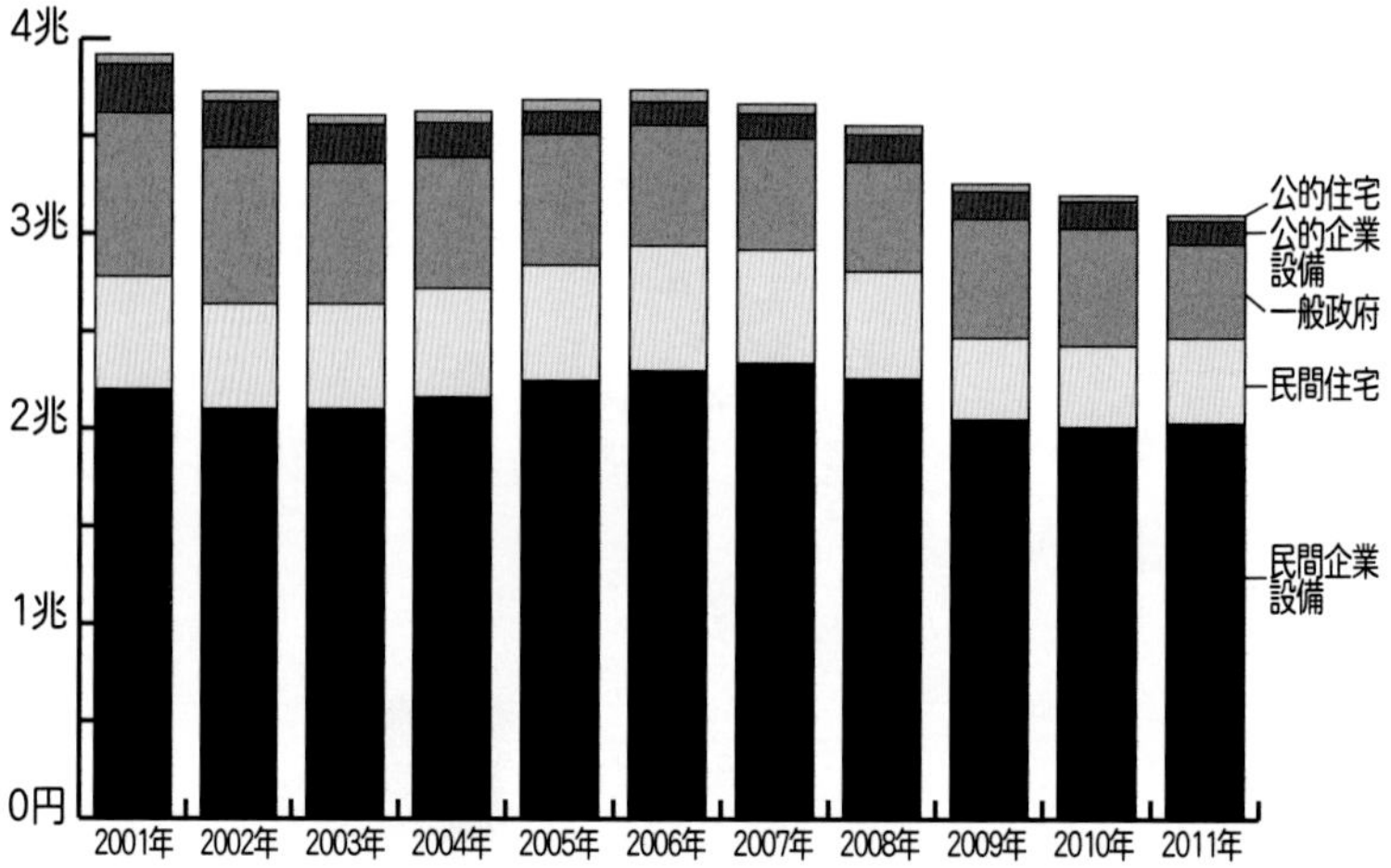

出所）福岡県民経済計算：名目県内総生産

福岡市における総固定資本形成の推移(支出側・実質)

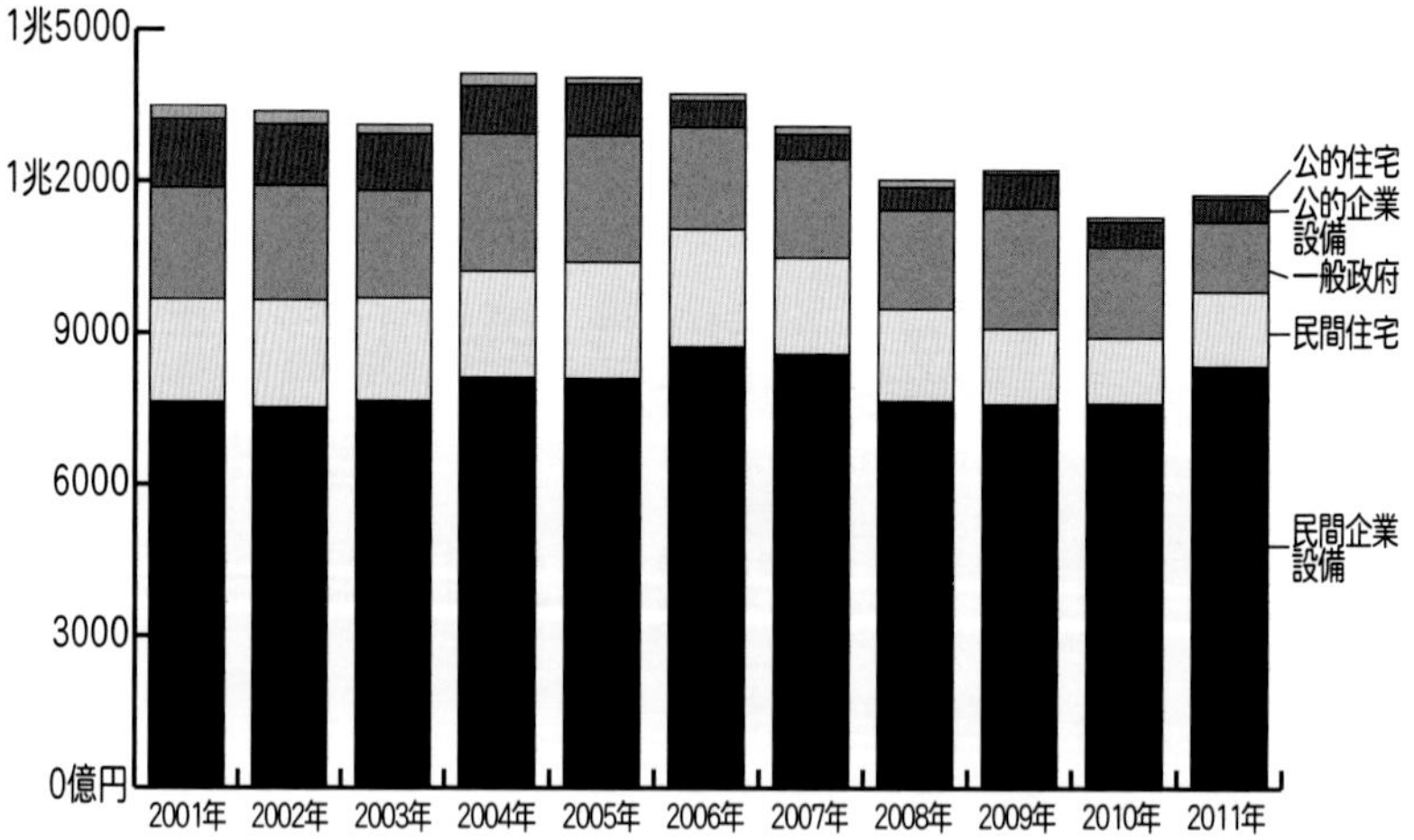

出所）福岡市民経済計算

FRF55-25

人口構成における男女比および女性比率、女性比率

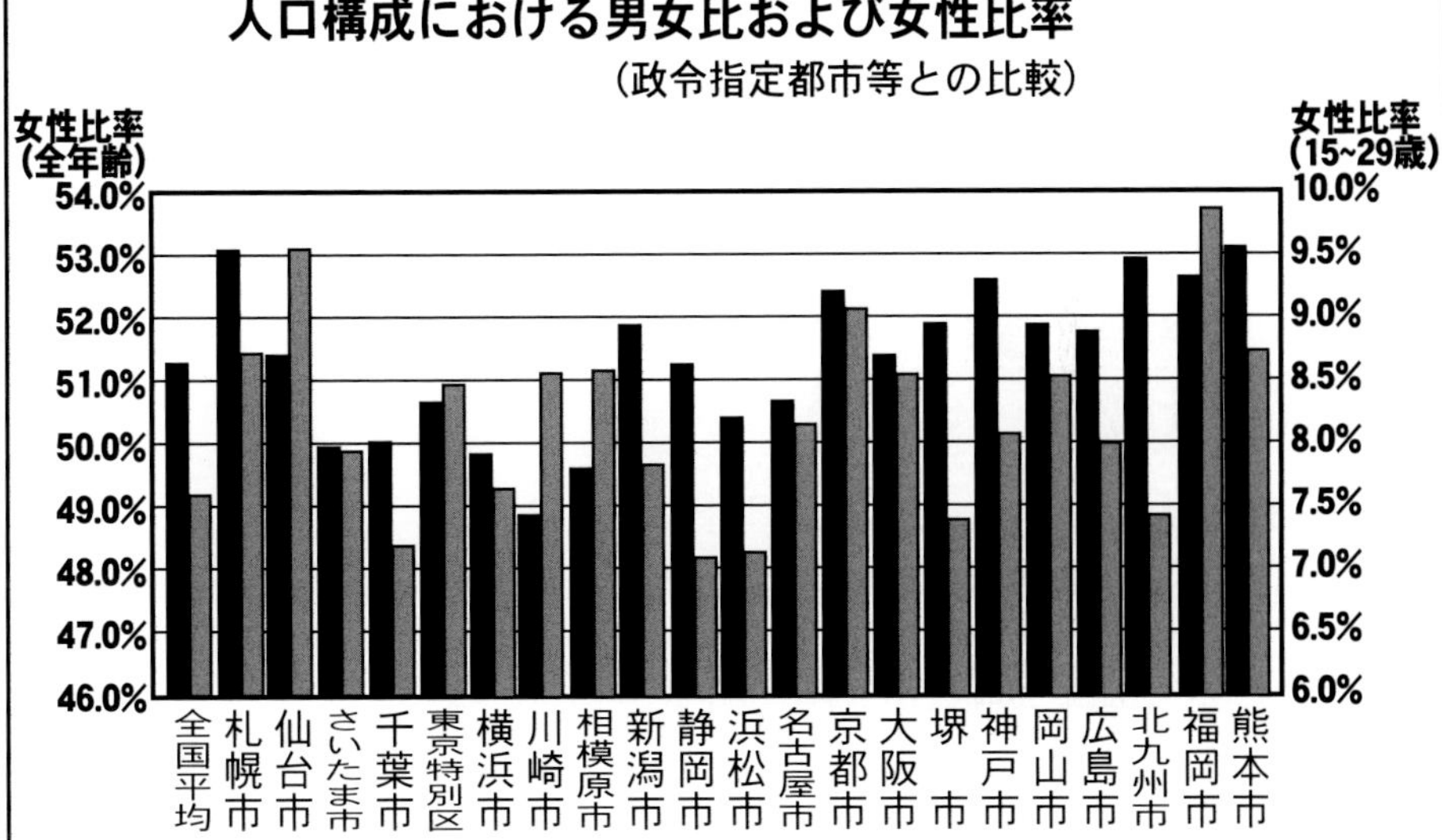

■女性比率(全年齢)	
1 札幌市	53.13%
2 熊本市	53.12%
3 北九州市	53.00%
4 福岡市	**52.68%**
5 神戸市	52.65%

■女性比率(15~29歳)	
1 福岡市	**9.9%**
2 仙台市	9.6%
3 京都市	9.1%
4 熊本市	8.736%
5 札幌市	8.735%

出典）福岡市経済観光文化局『平成25年度 経済観光文化局 施策概要』(2013年6月)
出所）総務省『住民基本台帳人口移動報告』(同)

FRF53-12

サラリーマン年収都道府県ランキング(2012年)

順位	都道府県	年収
1位	東京都	582万3,600円
2位	神奈川県	532万4,200円
3位	愛知県	518万2,900円
4位	京都府	487万1,000円
5位	滋賀県	483万8,100円
6位	大阪府	483万2,900円
7位	茨城県	482万6,000円
8位	兵庫県	476万7,600円
9位	三重県	469万8,100円
10位	千葉県	464万4,900円
21位	福岡県	430万2,400円
31位	熊本県	397万3,100円
33位	鹿児島県	395万4,100円
35位	長崎県	387万7,000円
39位	大分県	374万6,100円
41位	佐賀県	367万3,300円
43位	宮崎県	362万8,500円

厚生労働省『賃金構造基本統計調査』(2012年)

福岡県におけるビジネスコスト(比較事例)

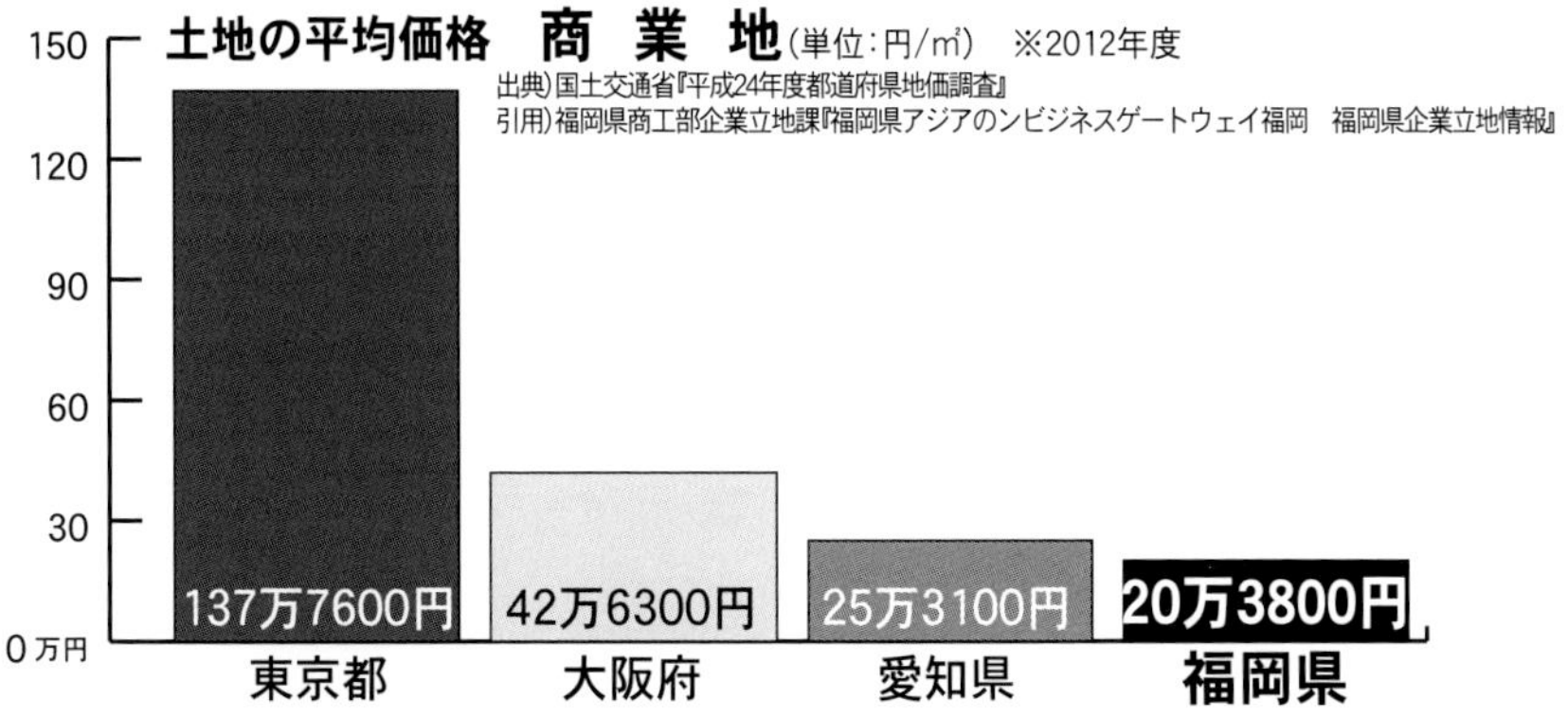

出典)国土交通省『平成24年度都道府県地価調査』
引用)福岡県商工部企業立地課『福岡県アジアのンビジネスゲートウェイ福岡 福岡県企業立地情報』

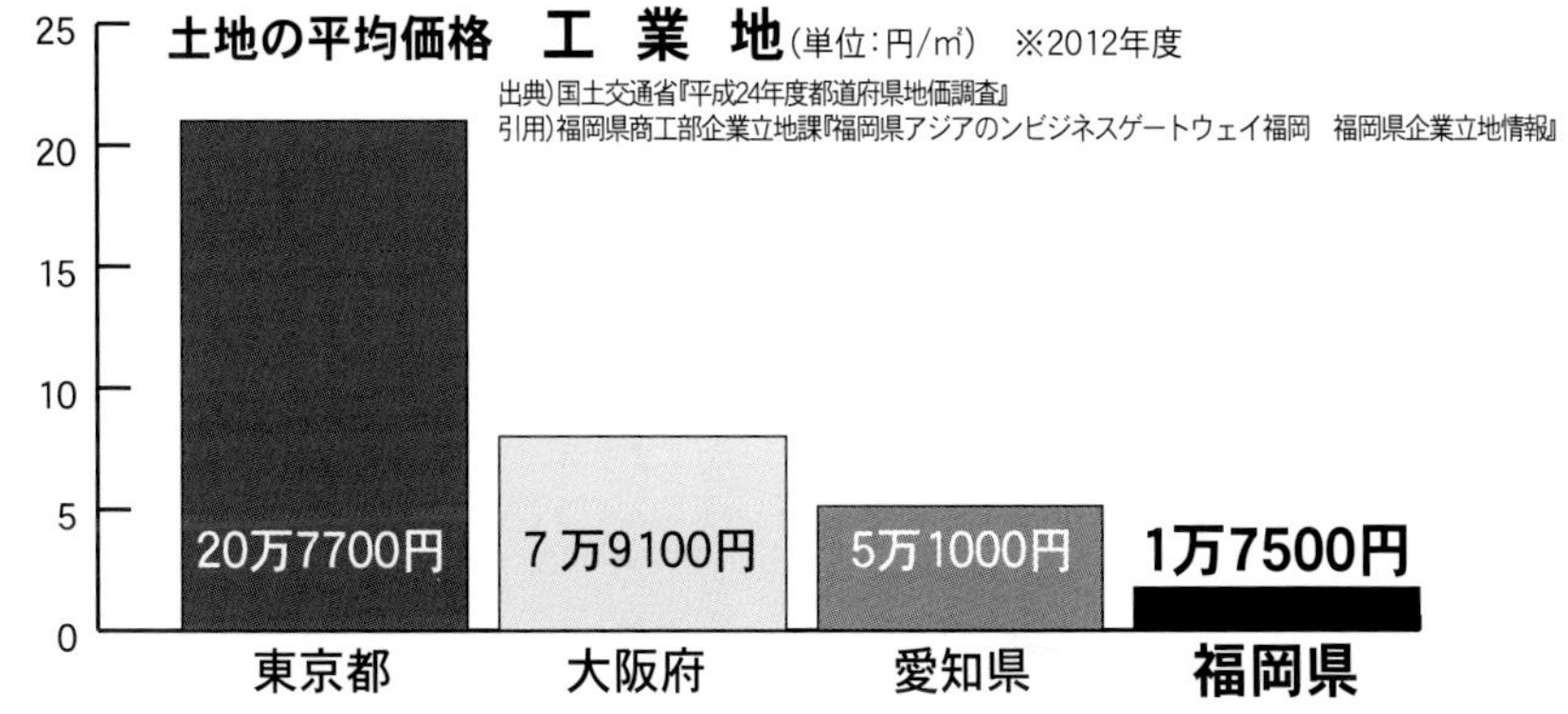

出典)国土交通省『平成24年度都道府県地価調査』
引用)福岡県商工部企業立地課『福岡県アジアのンビジネスゲートウェイ福岡 福岡県企業立地情報』

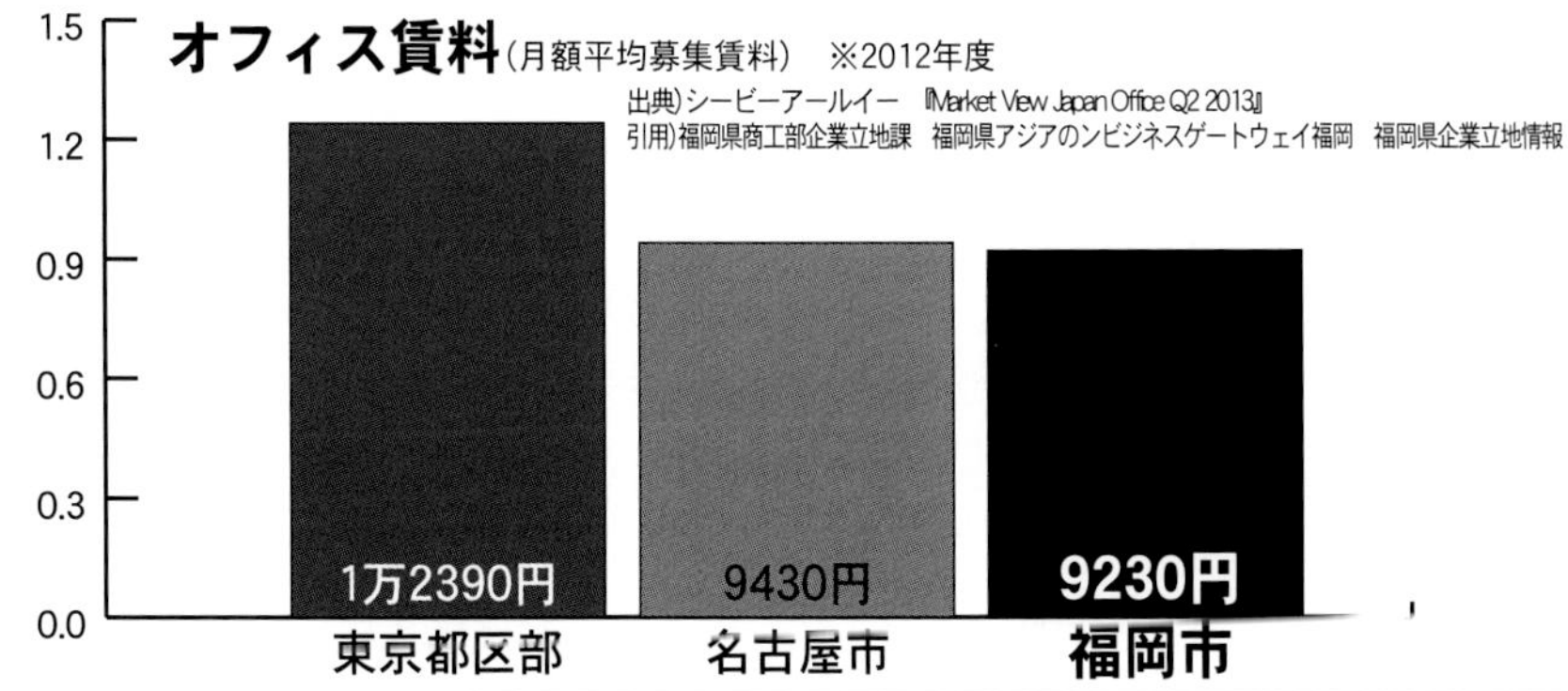

出典)シービーアールイー 『Market View Japan Office Q2 2013』
引用)福岡県商工部企業立地課 福岡県アジアのンビジネスゲートウェイ福岡 福岡県企業立地情報

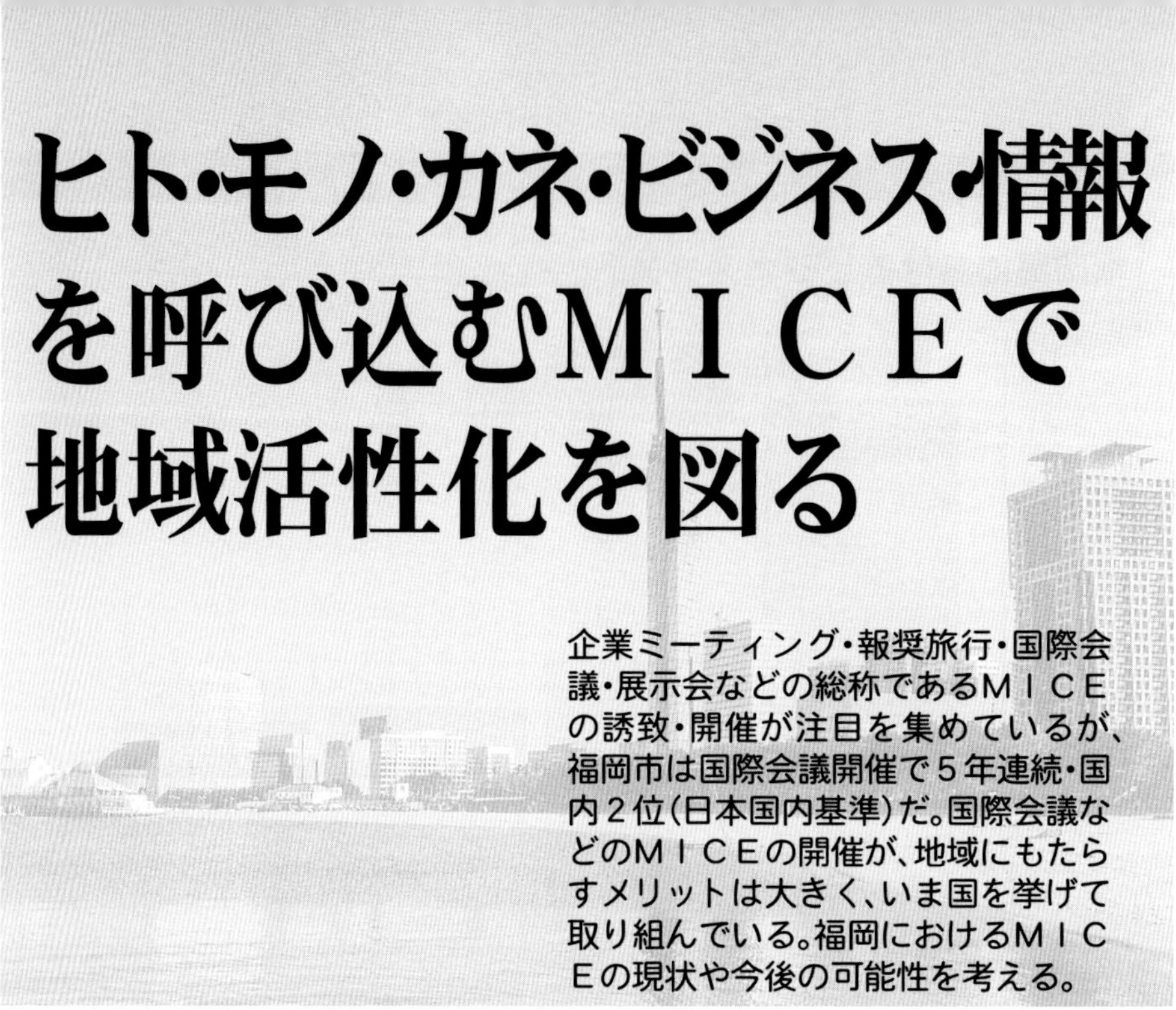

ヒト・モノ・カネ・ビジネス・情報を呼び込むＭＩＣＥで地域活性化を図る

企業ミーティング・報奨旅行・国際会議・展示会などの総称であるＭＩＣＥの誘致・開催が注目を集めているが、福岡市は国際会議開催で５年連続・国内２位（日本国内基準）だ。国際会議などのＭＩＣＥの開催が、地域にもたらすメリットは大きく、いま国を挙げて取り組んでいる。福岡におけるＭＩＣＥの現状や今後の可能性を考える。

国際会議開催で5年連続国内2位の福岡市

東京23区531件、福岡市253件、横浜市226件、京都市176件、大阪市172件、名古屋市143件、千里113件、神戸93件……。

国土交通省の関連法人『日本政府観光局（ＪＮＴＯ　独立行政法人国際観光振興機構）』は2014年9月、2013年に日本国内で開催された国際会議件数は2427件だったと発表した。都市別の開催件数について、福岡市は5年連続で東京に次ぐ全国第2位となった。

10年連続で開催件数を伸ばしてきた福岡市は2013年において、『第8回日韓中地理学会議』（参加者数144人・参加国数4カ国）や『2013年国際固体素子・材料コンファレンス』（同1024人・同21カ国）などの国際会議が開催された結果、過去最高の開催件数となった。

なお、ＪＮＴＯでは『国際会議選定基準』として、
◎主催者：国際機関・国際団体（各国支部を含む）または国家機関・国内団体（民間企業以外は全て）、
◎参加者総数：50名以上、
◎参加国：日本を含む3カ国以上、

MICEを用いた地域活性化策（イメージ図）
MICE
Meeting
ミーティング(M)
主に企業がグループ企業やパートナー企業などを集めて行う会議、大会、研修会等の会合（＝コーポレートミーティング）
Incentive(Travel)
インセンティブ(I)
企業が従業員やその代理店等の表彰や研修などの目的で実施する旅行のことで、企業報奨・研修旅行と呼ばれるものである
Convention
コンベンション(C)
いわゆる国際会議であり、学会や産業団体、さらには政府等が開催する大規模な会議を一般的に指す
Exhibition/Event
エキジビション・イベント(E)
国際見本市、展示会、博覧会といったエキジビションとスポーツ・文化イベントなど大小さまざまなものが含まれる広範な概念である
財
富
サービス
イノベーション
MICEの意義
●地域への経済効果
●ビジネス機会やイノベーションの創造
●国・都市の競争力向上

ONE POINT VIEW

◎開催期間：1日以上とする。

なぜ、福岡は国際会議の開催都市に選ばれるのか

　国際会議・大会の開催での福岡の強みは何か？

　福岡観光コンベンションビューロー内に立ち上げたMICE振興の専門組織『Meeting Place Fukuoka』の前嶋了二次長は、本誌『フォーラム福岡』54号で次の点を挙げる。

◎2000km圏内に東アジアの主要都市が存在するロケーション

◎アジアとの長い歴史と強いネットワーク

◎東京などの主要都市に比べて安い物価

◎空港から都心への圧倒的に

便利な交通アクセス
◎九州の中心都市としての機能
◎日帰り圏内に多数ある体験可能な日本の伝統文化やライフスタイルなど……。

その上で、「主催者は、《費用対効果が高い》《ストレスが少ない》会議の開催が可能である。また、参加者にとっても《満足感がある》《記憶に残る》会議が期待できる」（前嶋次長）という。

いま、国内外で注目を集めるＭＩＣＥとは何か

昨今、国際会議や学会・大会などの誘致・開催が注目を集まる中、『ＭＩＣＥ（マイス）』という言葉を耳にする機会が増えてきた。

ＭＩＣＥとは、Ｍｅｅｔｉｎｇ（企業ミーティング）▽Ｉｎｃｅｎｔｉｖｅ（表彰・研修目的の旅行）▽Ｃｏｎｖｅｎｔｉｏｎ（国際会議、学術会議）▽Ｅｖｅｎｔ・Ｅｘｈｉｂｉｔｉｏｎ（文化・スポーツイベント、展示会・見本市）の頭文字による造語で、ビジネスイベントの総称だ。

ＭＩＣＥという考え方は１９９２年頃、シンガポール政府観光局がミーティング、インセンティブ、コンベンション、エキシビションの4つをビジネス・セグメントとして使い始めたのが最初とされる。

そして、ＭＩＣＥを用語として、初めて明記したのは、オーストラリア・キャンベラ市の旅行関連団体だった。ＭＩＣＥを成長エンジンとした経済活性化プランを作成した。

もっとも、その後、オーストラリアは、ＭＩＣＥではなく、ビジネスイベントという用語を採用した。このため、ＭＩＣＥという用語は主にシンガポールを中心とするアジア諸国で使われているのが実情だ。

アメリカやヨーロッパでは、ＭＩＣＥ全般を指して、『ビジネスミーティング』『ビジネスイベント』『コンベンション』と称する場合が多い。

一方、日本においては、観光庁が２０１０年を『ＭＩＣＥ元年』と定めて、ＭＩＣＥ推進アクションプランの諸施策を推進して以降、ＭＩＣＥという用語が浸透し始めた。

ＭＩＣＥ開催に伴う経済波及効果

国際会議をはじめとするＭＩＣＥ開催が都市・地域にもたらされる経済効果は大きい

観光庁が開発した「ＭＩＣＥ開催の経済波及効果測定

福岡観光コンベンションビューロー、九州産業大学、タイ・コンベンション&エキシビジョン・ビューローの三社によるMICE誘致拡大に向けた人材育成・交流の覚書締結

国家戦略特区での道路占有の要件緩和の一環として開催された『ストリート・パーティ』

観覧車から見た第13回九州沖縄連合共進会の会場内における様子(画像提供：福岡県立図書館)

第13回九州沖縄連合共進会参考館(画像提供：福岡県立図書館)

モデル」の試算によると、日本国内で1万人規模の国際会議を開催した場合、経済波及効果は約38億円、誘発税収額は1・6億円（国税）となる。

2010年に日本で開催された国際会議（2159件）がもたらした経済波及効果額は、5144億円（うち直接効果1369億円、間接効果3775億円）と推計される。この推計をもとにして、開催した都道府県別の経済波及効果は、1位の東京都（429億円）、2位の神奈川県（321億円）、3位の福岡県（286億円）という順位だった。

グローバルMICE戦略都市に福岡市等を選ぶ

日本におけるMICEの旗振り役である観光庁は、MICEについて、「国際会議等のMICE誘致・開催は、海外の人と知恵を呼び込む重要なツールであり、ビジネス機会・イノベーションの創出、地域経済波及効果、都市の競争力・ブランド力向上に貢献する我が国の経済成長のためのソフトインフラである」とする。

観光庁は2013年6月、日本を代表するMICE都市を育成する『グローバルMICE戦略都市』として、東京都、横浜市、京都市、神戸市とともに福岡市を選定した。また、5都市に次ぐ評価を得た大阪市、名古屋市を『グローバルMICE強化都市』に指定した。

グローバルMICE戦略都市に選ばれた福岡市は翌2014年4月、福岡観光コンベンションビューロー内にMICE振興を図る専門組織『Meeting Place Fukuoka』を立ち上げた。産学官民が連携して、MICEの企画・誘致から開催支援までをワンストップで対応していく体制をスタートさせた。

さらに国家戦略特区にも選ばれた福岡市は2014年9月、『グローバル創業・雇用創出特区』として、内閣総理大臣からエリアマネジメントに係る道路法の特例の認定を受けた。今後、公道を活用した賑わいを創出していくイベントなども開催していくことで、MICE誘致に向けた魅力の向上を図っていく。

国際的にみた福岡の〝MICE〟力

日本国内での国際会議開催件数で第2位の福岡市について国際的にみた場合、どれくらいの位置付けにあるのだろうか。

国際会議の開催促進に取り組む国際機関である『国際会議協会（ICCA）』によると、2013年に世界で開催された国際会議の開催件数（暫定値）は、前年比529件増の1万1685件だった。

ICCAにおける国際会議の採択基準は、日本政府観光局（JNTO）の統計基準よりも厳格な内容になっている。このため、ICCA統計によると、2013年の日本における国際会議の開催件数は、前年比1件増の342件となった。

ICCAによる国別の国際会議開催件数では、アメリカ（829件）を筆頭に、ドイツ（722件）、スペイン（562件）、フランス（527件）、イギリス（525件）、イタリア（447件）が続く。日本における国際会議の開催件数342件は、これらの国々に続く世界第7位だった。

一方、開催都市別にみてみると、パリ（204件）をはじめ、マドリッド（186件）、ウィーン（182件）、バルセロナ（179件）、ベルリン（178件）が名を連ねる。ベスト5の開催都市は全てヨーロッパの都市が占めているのが実情だ。

一方、日本の都市は、東京（79件）の世界26位が最高位だった。東京に次ぐ国内2位は京都（43件・世界55位）で、3位大阪（20件・同117位）、4位神戸（18件・同136

各国のMICE市場規模※1とGDPに対するMICE市場規模の比率※2

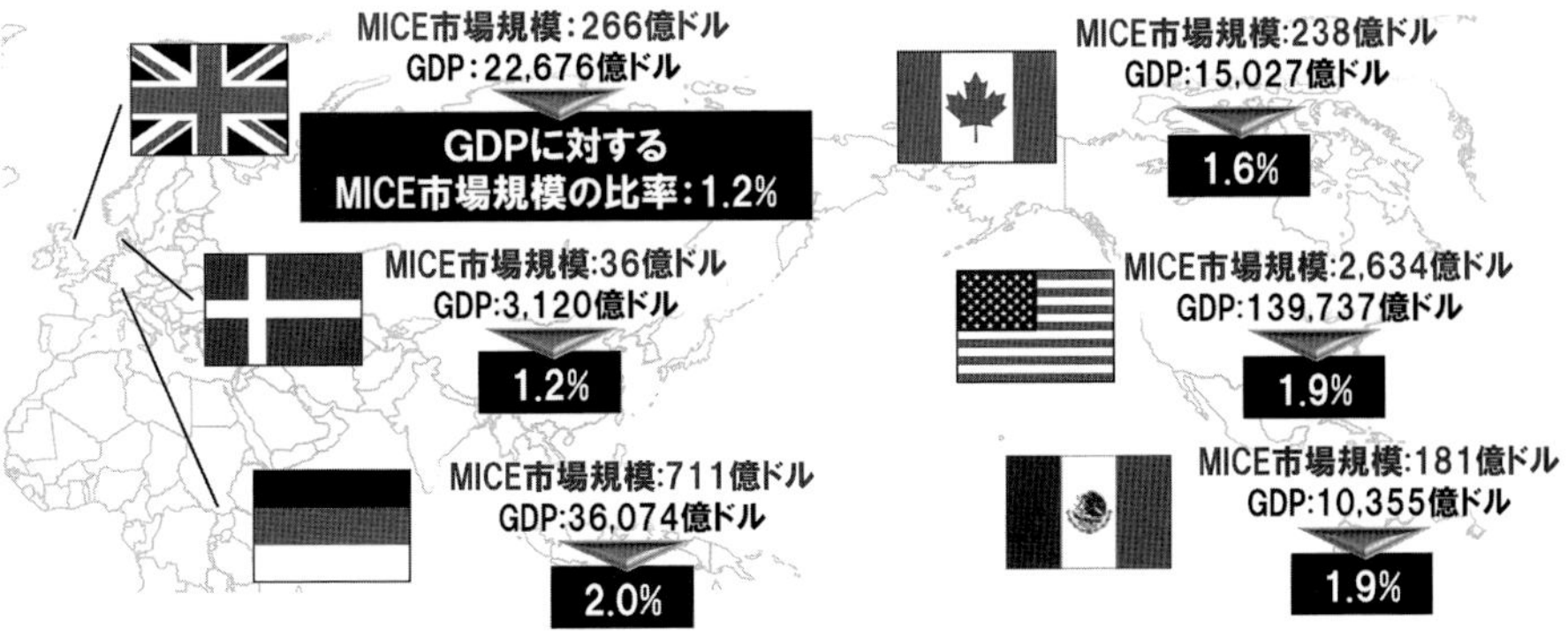

出所）
各国MICE市場規模は以下の通り
アメリカ：The Economic Significance of Meetings to the U.S. Economy(CIC 2011.2)
メキシコ：The Economic Significance of Meetings in Mexico(ESTUR 2011.11)
ドイツ：Meeting& EventBarometer Germany 2012(EVVC 他 2012.5)
イギリス：eventia プレスリリース(eventia 2011.7.20)
カナダ：Canadian Economic Impact Study(MPI 2009.11)
デンマーク：The Economic Contribution of Meeting Activity in Denmark (Visit Denmark 2012.5)より作成
各国GDP(名目)はIMF Word Economic Outlook (2012.10)より抜粋

※1：各国で計測方法、対象が異なるため、一概に横比較できない点に注意
アメリカ、カナダ、メキシコ、デンマーク：様々な主体への調査より、MICE開催に伴い発生する各種費用（宿泊、交通、飲食、会場使用料、その他イベント）を含む値
イギリス、ドイツ：会議場、イベント会場のみへの調査により把握した値
※2：MICE市場規模は売上高ベースの値となっており、付加価値額の積み上げで表わされるGDPとは異なる概念の数値となっている点に注意

位）、5位横浜（17件・同148位）、6位名古屋（15件・同159位）、7位札幌（13件・同182位）の順位だった。福岡におけるICCA基準での国際会議開催件数は12件で、奈良と並んで国内8位・世界193位だった。

ICCAは国際会議について、
◎参加者総数が50名以上、
◎定期開催、
◎3カ国以上で会議持ち回りを基準とする。

このため、JNTOの国内基準で253件を数えた福岡の国際会議件数はICCAの国際基準によると、12件に留まってしまう結果となった。

来年、3・5万人規模の世界大会が福岡で開催

来年・2016年6月には、世界有数の国際会議である第99回ライオンズクラブ年次国際大会が福岡市内で開かれる。同大会には世界205の国・地域から総勢3万5000人の参加（うち約1万人は海外参加者）が見込まれる。

誘致にあたっては、ライオンズクラブ国際協会で国際理事を務めた不老安正・太宰府観光協会会長をはじめと

する関係者の努力に加えて、福岡市や福岡観光コンベンションビューローなどの連携も一役買ったという。

第99回ライオンズ国際大会の誘致成功については、日本政府観光局（JNTO）から2012年度の国際会議誘致・開催貢献賞が贈られた。

これらの実績や成果も踏まえて、福岡市が2013年3月に策定した『福岡集客観光戦略2013』では、2022年度目標として、

◎国際会議開催250回・12万人参加、

◎国際会議世界ランキング 50位（ICCA統計）を打ち出す。そして、MICEによる直接消費額（参加個人消費＋主催者消費）の1000億円増を掲げている。

また、Meeting Place Fukuokaでは中期計画において、

◎国際大会（ICCA基準）50件

◎国内大会（1000人以上）51件

◎インセンティブ旅行参加者8500人

の長期目標を掲げている。そして、Meeting Place Fukuokaが誘致に関与するMICEに関する経済波及効果としては、約256億円と試算している。

福岡市は、Meeting Place Fukuoka開設とともに、博多港中央ふ頭地区のコンベンションゾーンに第2期展示場の整備に乗り出す。既存のマリンメッセ福岡や国際会議場、福岡国際センターなどがあるコンベンションゾーンに、会議会場、展示会場、ホテル、賑わい施設などMICE関連施設をオール・イン・ワンで配置していくことで、展示機能・宿泊機能などを備えた利便性の高い一体的な配置を図っていく。

一連の取り組みは、福岡における国際会議を開催していく上で〝追い風〟となりそうだ。

各都市が会議・大会の獲得に向けて施設整備

現在、国を挙げてMICE推進に取り組む中、福岡市以外の九州の主要都市も、国際会議の誘致に向けた施設整備に乗り出している。

福岡県南部の中核市・久留米市は老朽化した市民会館に替えて、学会やコンサートなどを開催できる新施設『久留米シティプラザ』の建設を総事業費165億円をかけて進めている。従来、医学部をもつ久留米大学が年間3件前後の国際学会を開催していたものの、久留米市内に開催施設が無いため、福岡市内で開催することが多かっ

都市名別 主要施設の展示場面積と収容人数（最大規模会議場）

シンガポール		
・シンガポール エキスポ	約100,000㎡	約8,000人
・サンテック シンガポール	約23,000㎡	約12,000人
・マリーナ ベイ サンズ	約32,000㎡	約11,000人
ソウル		
・COEX	約36,000㎡	約7,000人
・KINTEX	約54,000㎡	――
・KINTEX 2	約54,000㎡	――
プサン		
・BEXCO	約27,000㎡	約2,400人
東京23区		
・東京国際フォーラム	約5,000㎡	約5,000人
・東京ビッグサイト	約81,000㎡	約1,000人
京　都		
・国立京都国際会館	約3,000㎡	約1,800人
横　浜		
・パシフィコ横浜	約20,000㎡	約5,000人
福　岡		
・マリンメッセ福岡	9,100㎡	14,505人
・福岡国際センター	5,052㎡	5,000人
・福岡サンパレス※1	396㎡	2,316人
・福岡国際会議場※2	2,700㎡	3,000人

※1）サンパレスの展示場面積はサンパレスホール
※2）福岡国際会議場の展示場面積および収容人員はメインホール＋多目的ホール

上から）サンテック・シンガポール（シンガポール）、マリーナ ベイ サンズ（同）、KINTEX（韓国・ソウル）、COEX（同）　画像出所：各施設サイト

た。今後、2015年度末にグランドオープンする同プラザを受け皿に国際会議の誘致・開催を取り込んでいく考えだ。

熊本市は、都心部にある熊本交通センターの再開発事業でバスターミナルや商業施設、ホテル、マンション、会議場・展示施設などの複合施設を約700億円かけて建設する計画だ。2015年春に着工して、2018年春の完成を目指し、最大3000人収容の会議場と1700㎡の展示場を建設する。完成後は、国際会議や学会など28件・4万6000人の利用を含め、年間で200件弱のイベント開催を見込み、施設全体の経済波及効果として168億円と試算している。

長崎市はJR長崎駅西側に会議機能や展示機能を備えた大規模複合施設を計画している。2014年9月、長崎市は、MICE施設としての土地取得費を市議会に提案したが、施設の経済効果や市民への説明不足を理由に否決された。このため、長崎市はMICE施設の意義や財政負担などについて、市内35カ所で市民向け説明会を開いた上で12月議会に再提案、可決された。

これまでは、国際会議の誘致・開催において、福岡市が先行していたが、今後、他の各都市も誘致に向けて施設整備や体制構築に本格的に取り組み出すと、九州内での誘致競争の激化が予想される。そのため、九州全体として、誘致する産業や対象分野のすみ分け、アフターコンベンションの広域展開などの地域間協力を検討していくことが今後求められる。

明治以来、共進会・博覧会で発展してきた福岡

九州沖縄八県連合共進会（１８８７年開催・入場者84万人、１９１０年・同91万人）、東亜勧業博覧会（１９２７年・同１５９万人）、博多築港記念大博覧会（１９３６年・同１６０万人）、アジア太平洋博覧会（１９８９年・同８２３万人）……。

１９８７年に福岡市は『コンベンションシティづくり基本構想』を打ち出してウォーターフロントエリアでのコンベンションゾーンの整備に乗り出した。

古来、ヒトが行き交い、モノや文化が往来して来た地理的な要因や歴史的な経緯がある福岡・博多は明治以降、博覧会や展覧会などのイベントでまちが発展・成長してきたＤＮＡをもつ。

国際会議をはじめとするＭＩＣＥ誘致に向けて、観光庁がまとめた『国際会議誘致ガイドブック』では、財政支出や各方面からの協力などの《地域の理解・支援》、市民向けイベントの開催や国際会議ボランティアの組織づくりなどの《地域の参加》を重視する。また、訪れた外国人が快適に過ごせるための《地域の国際化》も不可欠だとしている。

これらの積み重ねがＭＩＣＥを《誘致できる実力の醸成》につながる。今後、各ステップを踏みながら、地域の強みと魅力を生かした戦略的な取り組みが求められる。

ＭＩＣＥでヒト・モノ・カネ・ビジネス・情報を呼び込み、地域活性化へ

ＭＩＣＥを誘致・開催する意義として、《高い経済効果》《ビジネス機会やイノベーションの創出》《都市の競争力・ブランド力向上》などが挙げられることが多い。ヒト・カネ・ビジネス・知恵などを呼び込むＭＩＣＥは、ビジネス機会やイノベーションの創出などの面でも注目を集める。

国際大会や展示会・見本市においては開催される関連セミナーやイベント、商談会、懇親会などの場を通じて、海外・域外からの来訪者へアプローチ・交流する機会もある。

ウォーターフロント地区のMICE・賑わいゾーンにおける機能配置イメージ図

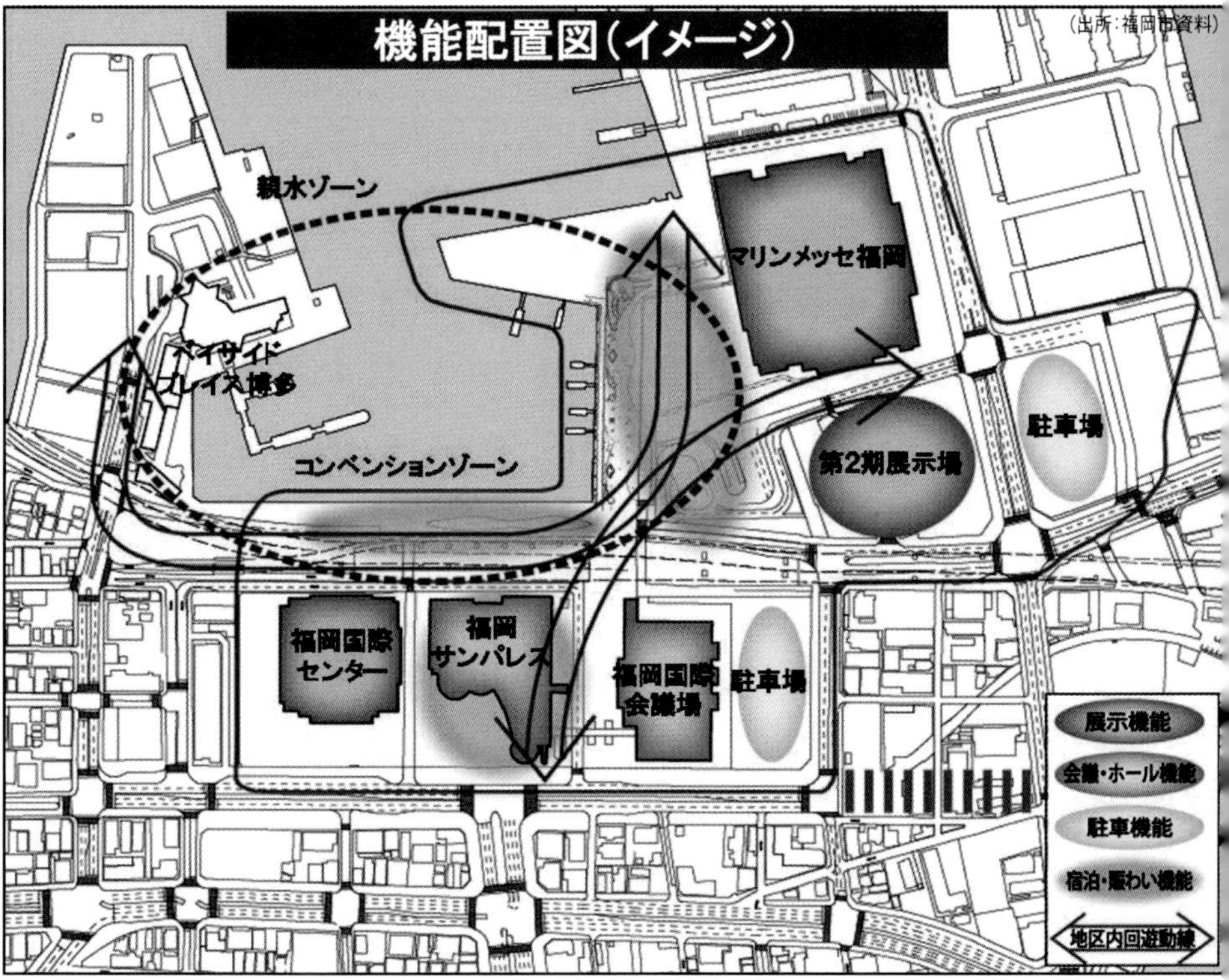

（出所：福岡市資料）

これらの機会や場の活用が具体的には、《MICEによる外国人材や文化、技術の交流や出会い》に始まり、《国内外企業とのマッチングによるノウハウの吸収やネットワークの活用》を踏まえ、今後のビジネス機会やイノベーションの創出に大きく関わって来ることが考えられる。これらの一連の取り組みがうまく回っていくと、結果的として都市・地域の競争力やブランド力の向上などにも幅広く寄与することが期待される。

グローバル時代を迎えて、ヒト、モノ、カネ、ビジネス、情報を都市や地域に呼び込んで、活力にしていく上で今後、ますますMICEの存在感が高まっている。

昨今、MICEの誘致・開催において、各国・各都市がしのぎを削る中、新たなヒト・カネ・ビジネスを呼び込み、〝化学反応〟を起こしていくことによる新たなイノベーションやビジネス機会の創出に向けた挑戦やアクションが今後、さらに求められていくことは間違いない。

都市別 国際会議の開催件数（2008年～2013年）日本国観光局（J NTO）調べ（件）

順位	2008年(件数)	2009年(件数)	2010年(件数)	2011年(件数)	2012年(件数)	2013年(件数)
1位	東 京(480)	東 京(497)	東 京(491)	東 京(470)	東 京(500)	東 京(531)
2位	横 浜(184)	**福 岡(206)**	**福 岡(216)**	**福 岡(221)**	**福 岡(252)**	**福 岡(253)**
3位	**福 岡(172)**	横 浜(179)	横 浜(174)	横 浜(169)	京 都(196)	横 浜(226)
4位	京 都(171)	京 都(164)	京 都(155)	京 都(137)	横 浜(191)	京 都(176)
5位	名古屋(130)	名古屋(124)	名古屋(122)	名古屋(112)	大 阪(140)	大 阪(172)
6位	神 戸(94)	大 阪(94)	神 戸(91)	神 戸(83)	名古屋(126)	名古屋(143)
7位	つくば(80)	札 幌(82)	札 幌(86)	札 幌(73)	千 里(113)	千 里(113)
8位	札 幌(77)	神 戸(76)	仙 台(72)	大 阪(72)	神 戸(92)	神 戸(93)
9位	大 阪(77)	つくば(74)	つくば(69)	千 里(54)	仙 台(81)	札 幌(89)
10位	千 葉(67)	千 里(71)	大 阪(69)	つくば(46)	札 幌(61)	仙 台(77)
11位	仙 台(63)	千 葉(63)	千 里(65)	仙 台(40)	つくば(53)	北九州(57)
12位	千 里(53)	仙 台(60)	千 葉(56)	北九州(38)	北九州(45)	つくば(51)
13位	北九州(47)	北九州(50)	北九州(49)	千 葉(30)	広 島(37)	広 島(50)
14位	広 島(32)	金 沢(27)	奈 良(33)	金 沢(26)	千 葉(32)	奈 良(31)
15位	奈 良(29)	淡 路(25)	金 沢(31)	広 島(24)	奈 良(30)	千 葉(28)

つくば：茨城県・つくば、同・土浦
千 里：大阪府・豊中、同・吹田、同・茨木、同・高槻、同・箕面

参考）J NTO の「国際会議選定基準」について ※2007年統計からの新基準
①主 催 者：国際機関・国際団体（各国支部を含む）または国家機関・国内団体（各々の定義が明確ではないため民間企業以外は全て）
②参加者総数：50名以上
③参加国：日本を含む3か国以上 ④開催期間：1日以上

FRF54-12N

国際会議開催統計（ＩＣＣＡ）による2013年の国際会議件数

日本の都市別国際会議開催件数 ※4件以下は省略

順位	都市名	件数	世界順位
1位	東京	79	26位
2位	京都	43	55位
3位	大阪	20	117位
4位	神戸	18	136位
5位	横浜	17	148位
6位	名古屋	15	159位
7位	札幌	13	182位
8位	奈良	12	193位
8位	福岡	12	193位
10位	沖縄	9	242位
11位	つくば	8	265位
12位	千葉	7	294位
12位	新潟	7	294位
12位	広島	7	294位
12位	北九州	7	294位
16位	仙台	5	371位

参考）
ICCA統計の国際会議選定基準
国際機関・国際団体（含各国支部）、または国家機関・国内団体（各々の定義が明確ではないため、民間企業以外は全て）が主催する会議で以下の条件を満たしていること
1．参加者総数が50名以上
2．定期的に開催される（1回だけ開催されたものは除外される）
3．3カ国以上での会議持ち回りがある（2カ国間会議は除外される）

2013年国際会議開催件数（上位10カ国）

順位	国名	件数
1位	アメリカ	829
2位	ドイツ	722
3位	スペイン	562
4位	フランス	527
5位	イギリス	525
6位	イタリア	447
7位	日本	342
8位	中国	340
9位	ブラジル	315
10位	オランダ	302

都市別 2013年国際会議開催件数（上位9都市）

順位	都市名	件数
1位	パリ	204
2位	マドリッド	186
3位	ウィーン	182
4位	バルセロナ	179
5位	ベルリン	178
6位	シンガポール	175
7位	ロンドン	166
8位	イスタンブール	146
9位	リスボン	125
9位	ソウル	125

福岡県内にある領事館および名誉領事館、主な国際交流団体

福岡県内にある領事館

在福岡アメリカ合衆国領事館
在福岡大韓民国総領事館
在福岡中華人民共和国総領事館
在福岡オーストラリア総領事館
在福岡ベトナム社会主義共和国総領事館

福岡県内にある名誉領事館

在福岡アルバニア共和国名誉領事館
在福岡ベルギー王国名誉領事館
在福岡ブルガリア共和国名誉領事館
在福岡カンボジア王国名誉領事館
在福岡コロンビア共和国名誉領事館
在福岡デンマーク王国名誉領事館
在北九州フィンランド共和国名誉領事館
在福岡フランス共和国名誉領事館
在福岡ドイツ連邦共和国名誉領事館
在福岡ガーナ共和国名誉総領事館
在福岡インドネシア共和国名誉領事館
在福岡カザフスタン共和国名誉領事館
在福岡ラオス人民民主共和名誉領事館
在福岡マレーシア名誉総領事館
在福岡モンゴル国名誉領事館
在福岡ネパール連邦民主共和国名誉総領事館
在福岡ニュージーランド名誉領事館
福岡ノルウェー王国名誉領事館
在福岡スペイン国名誉領事館
在北九州スリランカ民主社会主義共和国名誉領事館
在北九州スウェーデン王国名誉領事館
在福岡トルコ共和国名誉総領事館

福岡県内にある主な国際交流団体

九州・インドネシア友好協会
九州沖縄・モンゴル友好協会
九州・トルコ協会
九州日本香港協会
九州・ブルネイダルサラームクラブ
九州ベトナム友好協会
福岡ＥＵ協会
福岡・オーストリア・ウィーン倶楽部
福岡カナダ協会
福岡県日韓親善協会
福岡・シンガポール友好協会
福岡スペイン友好協会
福岡・デンマーク友好協会
福岡トルコ友好協会
福岡日伊協会
福岡日英協会
福岡日豪協会
福岡日仏協会
福岡日米協会
福岡日華親善協会
福岡ニュージーランド友好協会
福岡・ネパール児童教育振興会
福岡・ノルウェー友好協会
福岡・フィリピン友好協会
福岡・ブルガリア共和国友好協会
福岡・マレーシア友好協会
福岡・USオークランド友好協会
福岡・ラオス友好協会

『福岡県の国際化の現状』(2011年版):在県外国公館等一覧をもとに作成

福岡県における留学生数の推移(各年5月1日現在)

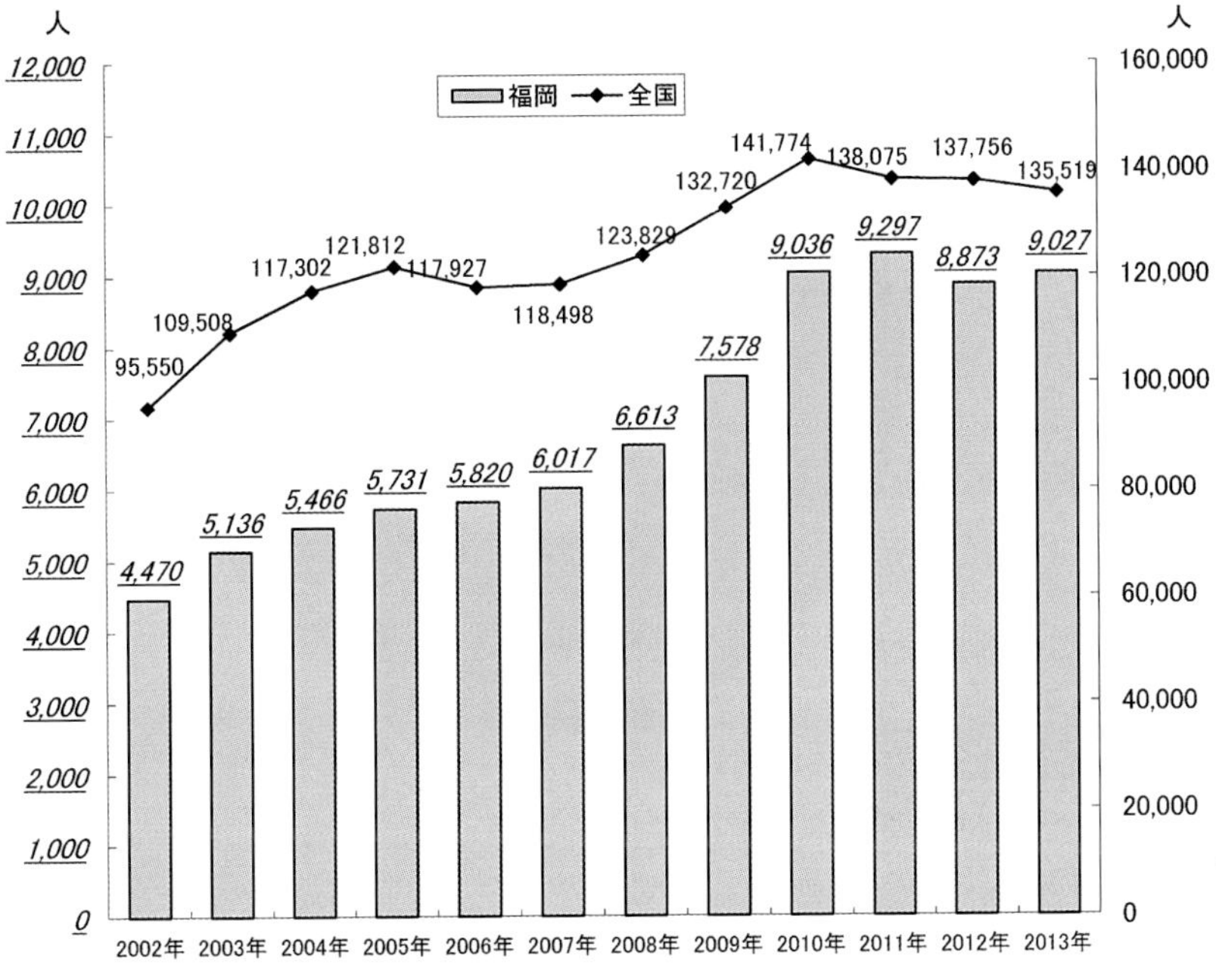

(注)上記留学生数には専修学校及び準備教育課程に在籍する留学生を含む。
ここにおける留学生とは、「出入国管理及び難民認定法」別表第1に定める「留学」の在留資格により、我が国の大学・大学院、短期大学、高等専門学校、専修学校(専門課程)、我が国の大学に入学するための準備教育課程を設置する教育施設及び日本語教育機関に在籍する外国人学生を指す。
(日本学生支援機構「外国人留学生在籍状況調査」の定義による。)

出典)福岡県『福岡県の国際化の現状』〔データブック〕(2014年7月)
(外務省、日本学生支援機構、福岡地域留学生交流推進協議会資料に基づき作成　各年5月1日時点)

外資系企業の対九州投資

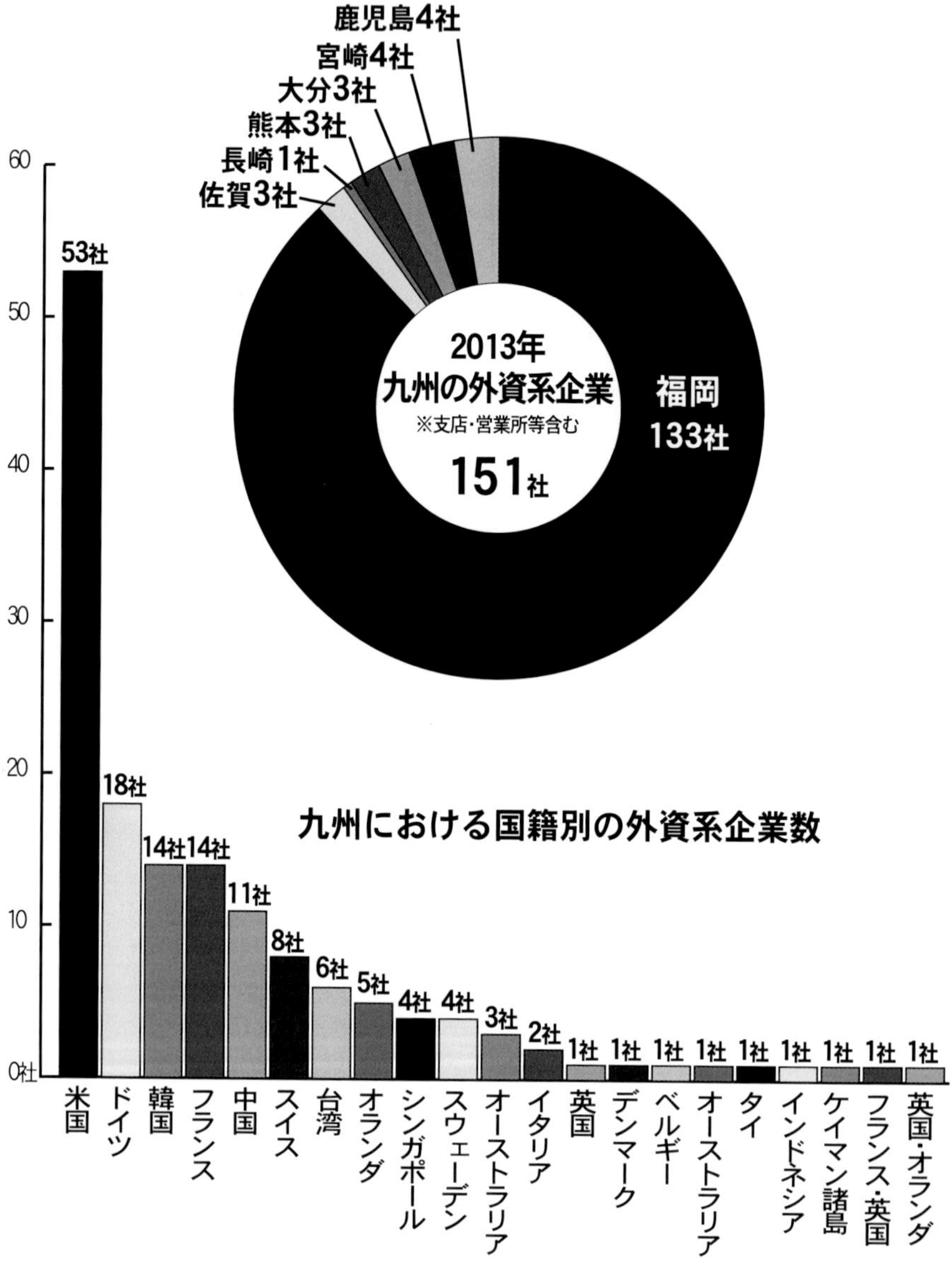

出典)『九州経済国際化データ2014』(2014年12月　経済産業省　九州経済産業局)
出所)九州経済調査協会『九州・山口地場企業の海外進出2013』より九州経済産業局作成

九州企業の海外進出

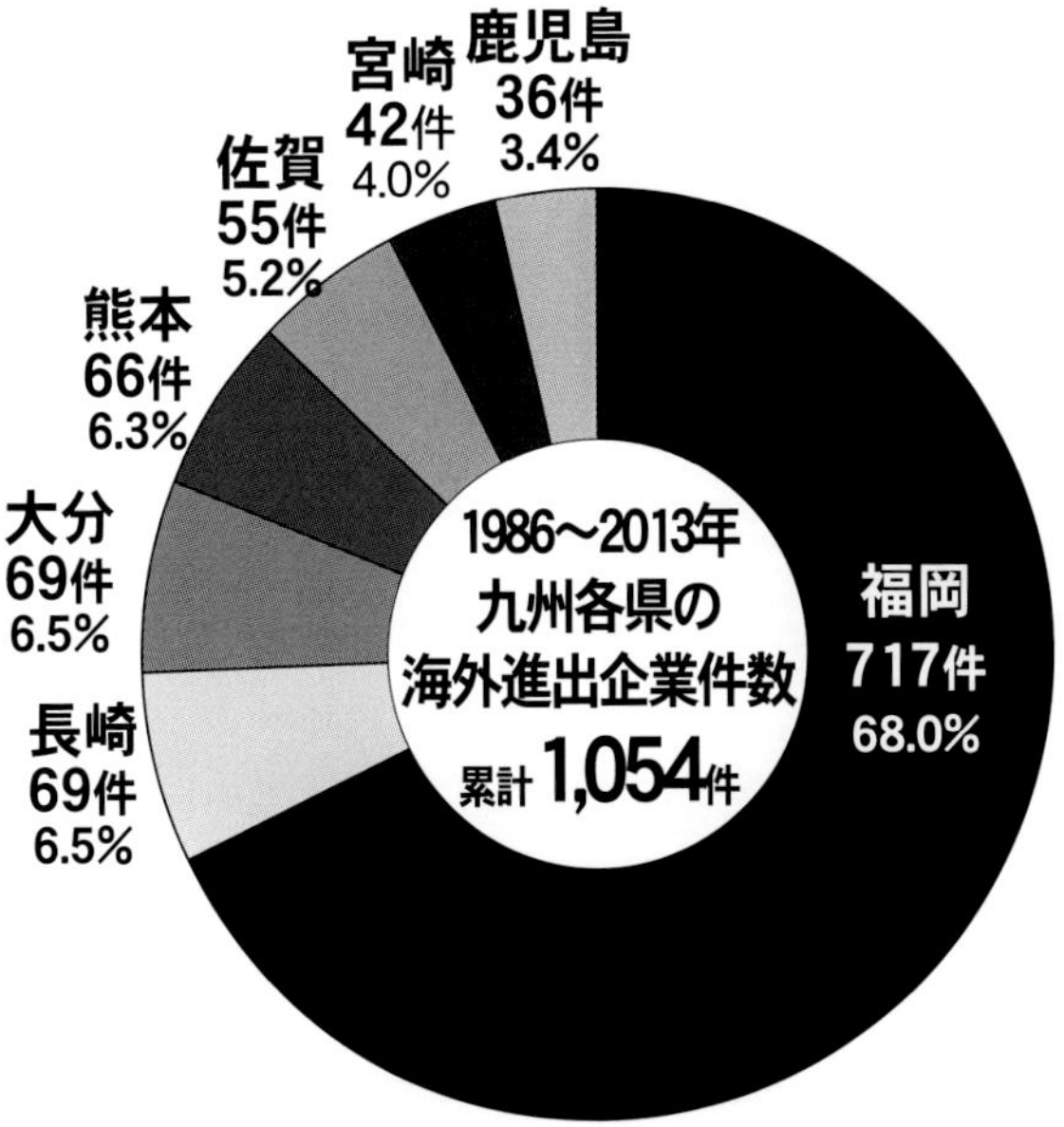

九州企業の海外進出先における推移(単位:件)

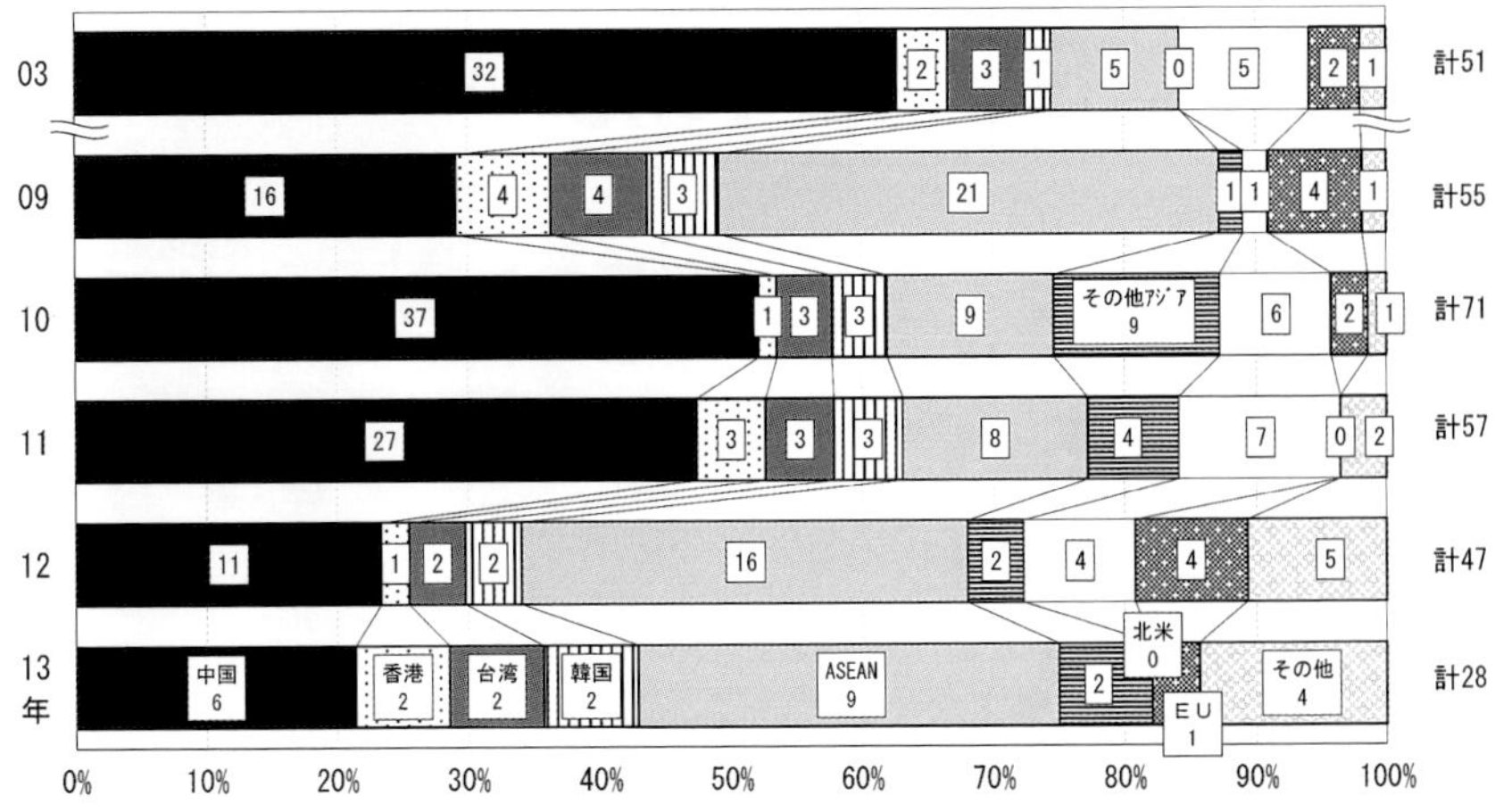

出典)『九州経済国際化データ2014』(2014年12月　経済産業省　九州経済産業局)
出所)九州経済調査協会『九州・山口地場企業の海外進出2013』より九州経済産業局作成

Nishitetsu

ひるパス・
ひるパスロング
6ヵ月券が
購入できる!

通勤定期券が
お得に
購入できる!

nimocaに
搭載するので
紛失しても再発行
できて安心!

交通費の
削減に
効果発揮!

エコ企業定期券
登録企業募集中

定期券が最大
約40%
割引!

「社員様の交通費削減をしたい!」とお考えのご担当者様、西鉄バスの定期が最大40%割引になる「エコ企業定期券」という制度をご存知ですか?簡単な承諾書を頂戴し、ご購入の際に専用の申込書にご印鑑をいただくだけで、普通定期券より高い割引率でご購入いただけます。

割引率

券種	1ヵ月券	3ヵ月券	6ヵ月券
普通定期券	25%	28.7%	29.1%
エコ企業定期券	30%	33.5%	40.5%

ご利用の一例

片道運賃230円区間の
6ヵ月定期券を購入した場合

普通定期券 58,680円
エコ企業定期券
49,270円
9,410円経費節約!!

外回りの営業活動にもオススメ!フリー乗車券!

エコ企業定期券
ご登録企業の方限定

ひるパス・ひるパスロング6ヵ月券

無記名式なので1枚あれば
社内で共有できる!

利用可能時間帯なら福岡都市圏の路線バスが乗り放題となる、
お得な定期券「ひるパス」「ひるパスロング」。
エコ企業定期券ご登録企業の方はさらにお得な6ヵ月券がご購入いただけます。

ひるパス［10:00～17:00利用可能］

通用期間	発売金額	1日あたりの金額 ※1ヵ月を30日で計算した場合
1ヵ月	6,000円	200円
3ヵ月	15,000円	約167円
6ヵ月	28,000円	約156円

ひるパスロング［10:00～23:00利用可能］

通用期間	発売金額	1日あたりの金額 ※1ヵ月を30日で計算した場合
1ヵ月	9,000円	300円
3ヵ月	24,000円	約267円
6ヵ月	45,000円	約250円

エコ企業定期券ご登録企業の方限定でご購入いただけます!

問い合わせは
西鉄お客さまセンター 0570-00-1010 ※PHS・IP電話からは 092-303-3333 西鉄グループホームページ にしてつ エコ企業 検索

自然との調和を考えた
環境づくりをめざして。

Asahi
komuten

株式会社 旭工務店

代表取締役 吉弘直彦

本社
〒812-0016 福岡市博多区博多駅南5丁目10-13
TEL.092-431-4131 FAX.092-431-4195

期待を超える、未来を。

お客さまに、あたらしい満足を届けるために。
一人ひとりに合った便利で多彩なサービスで、
ライフステージをまるごとサポート。
私たちは、一歩、一歩、進化し続けていきます。

ココロがある。コタエがある。
西日本シティ銀行

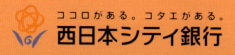

九州を拠点に強固なネットワークで安全・安心な社会を。

あらゆるセキュリティーニーズに応えて

Mission 1 機械警備

24時間365日オンラインでしっかり見守り、異常を感知したらお客さまのもとへかけつけます。

Mission 2 施設警備

施設ごとに求められる多様な警備業務に対し、的確な判断と柔軟な対応で安全を確保します。

Mission 3 空港保安検査

40年近くの経験と実績による徹底した保安検査で、安全で快適な空の旅をサポートします。

Mission 4 現金輸送

ハイレベルなスキルと輸送プログラムで、安全、確実、迅速に現金等を回収・配送します。

Mission 5 ホームセキュリティ
商品名「ふくろうくん」

侵入者や火災・ガス漏れなどの緊急事態にオンラインで結ばれた指令センターが対応。パーフェクトな守りをお約束します。

Mission 6 高齢者みまもりサービス
商品名「シルバーふくろうくん」

離れて暮らすご家族にメールで連絡したり、異常を察知すると警備員が駆け付ける見守りサービス。

にしけいは、警備のプロとして、様々な場所や場面で力を発揮しています。
各事業ごとに自らミッション（使命）を課すことで、クオリティーの高い警備サービスを提供いたします。

株式会社にしけい
〒812-8530 福岡市博多区店屋町5番10号
フリーダイヤル 0120-296-241
http://www.nishikeinet.co.jp

警備のことなら、にしけいOK!

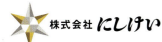

考えている方に役立つ
情報をほぼ毎週配信中！
SH
UK
KA
ukuoka.lg.jp

〈#FUKUOKAに関する問い合わせ先〉福岡市広報戦略課
TEL092-711-4878　FAX092-732-1358
E-MAIL senryaku.MO@city.fukuoka.lg.jp

アジアのリーダー都市へ
FUKUOKA NEXT

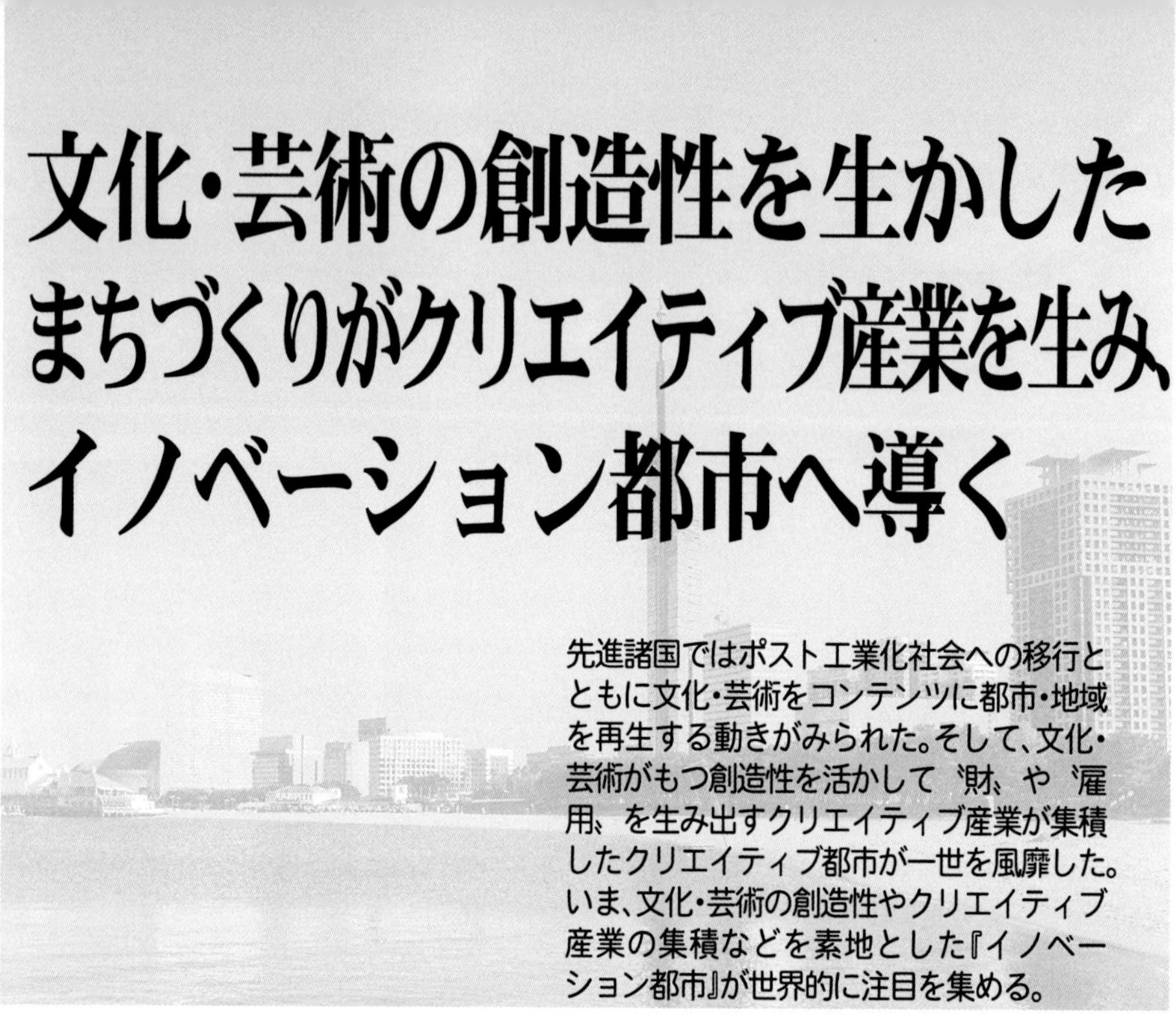

文化・芸術の創造性を生かしたまちづくりがクリエイティブ産業を生み、イノベーション都市へ導く

先進諸国ではポスト工業化社会への移行とともに文化・芸術をコンテンツに都市・地域を再生する動きがみられた。そして、文化・芸術がもつ創造性を活かして〝財〟や〝雇用〟を生み出すクリエイティブ産業が集積したクリエイティブ都市が一世を風靡した。いま、文化・芸術の創造性やクリエイティブ産業の集積などを素地とした『イノベーション都市』が世界的に注目を集める。

なぜ、文化・芸術は都市を再生させるのか

海外旅行の普及・国際移住の増加、製造業の海外移転・国際貿易の増大、資本の国際化・為替取引の増大、メディアの発達・インターネットの普及……。

ヒト、モノ、カネ、ビジネス、情報などが国境を越えて、地球上を駆け巡る『グローバル化』の波が20世紀後半に生じて、21世紀の到来とともに大きなうねりとなって、勢いを増してきた。今日では、都市や地域のあり方をはじめ、人々の考え方をも左右するようになってきている。

1990年代はグローバル化で地域のアイデンティティー喪失が嘆かれる一方、自然環境にも配慮した持続可能な都市のあり方が議論された時代だった。かつて隆盛を極めた産業・工業都市は、新たに文化・芸術を重視した都市計画を採用することで都市としての変貌を遂げて、市民生活や地域社会の『質』を高めることで持続的な発展を可能とした。

具体的な事例として、ヨーロッパの3都市の取り組みをみてみたい。

文化・芸術の創造性を生かしたまちづくり

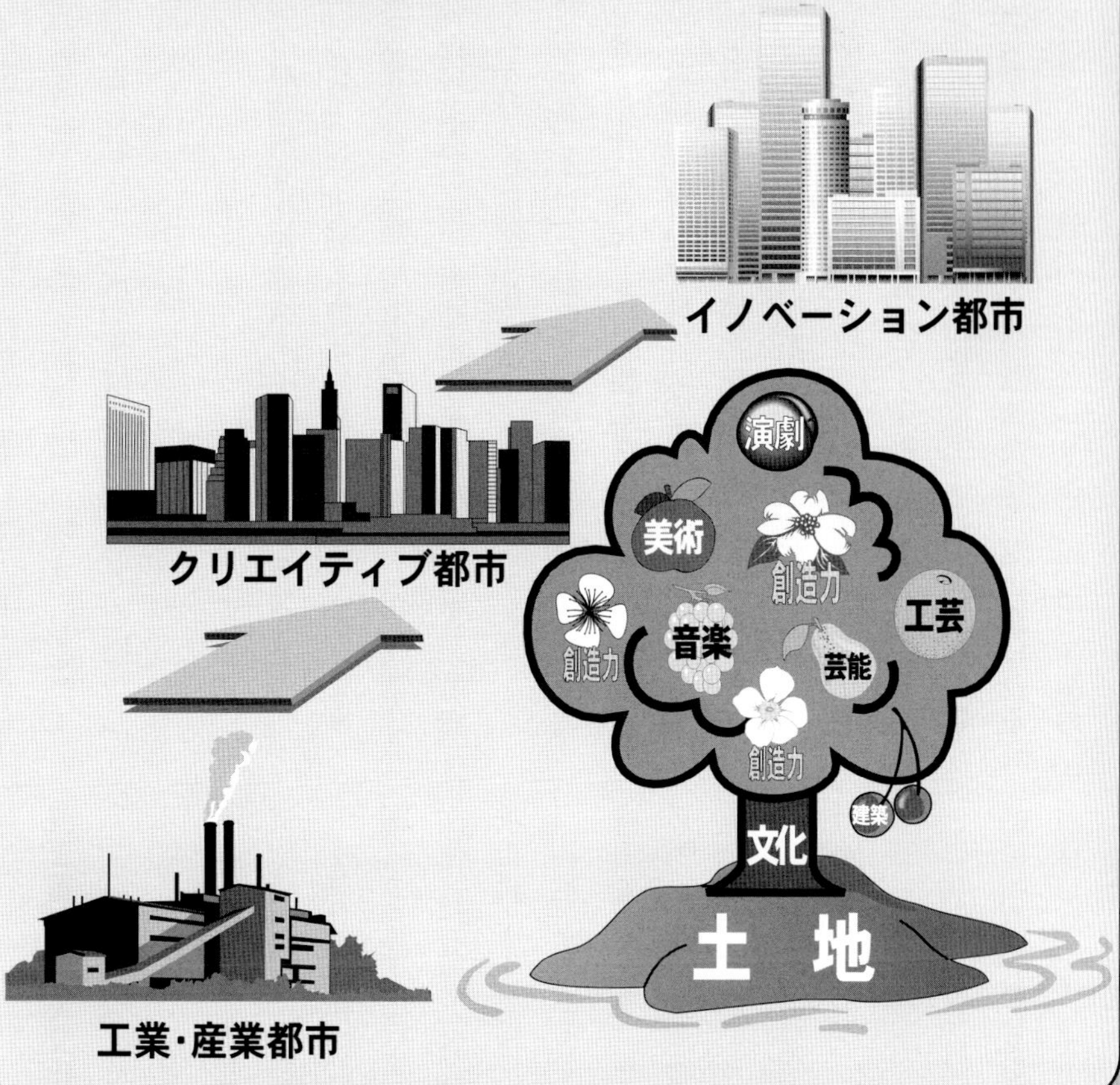

ONE POINT VIEW

著名美術館の誘致で蘇る
―スペイン・ビルバオ―

1960年代～1970年代に重工業が著しく発展したスペイン・バスク州のビルバオは、その後1970年代後半から1980年代に重工業の衰退とともに、まち自体も斜陽化した。その後、ビルバオは都市再生を賭けて、多館展開と国際戦略を打ち出したグッゲンハイム美術館の誘致に乗り出す。合わせて港湾、空港、高速道路、地下鉄、路面電車、複合文化施設などのインフラ整備や再開発に取り組んだ。

ビルバオ・グッゲンハイム美術館が1997年10月にオープンして以来、それまで観光資源が皆無だったビルバオへ観光客が急増する。開館5年で5

15万人が訪れ、直接的な経済効果として7億7500万ユーロをもたらした。これら経済効果に加え、「ビルバオの住民が、自ら暮らす都市や地域に対する誇りを回復したことが大きい」という指摘もある。

工業都市が欧州文化首都へ―イギリス・グラスゴー

名門・グラスゴー大学を擁するグラスゴーは、19世紀末からの産業革命で隆盛し、栄華を誇っていた。しかし、第2次大戦後に主力の造船業や繊維産業が衰退、失業者が市内にあふれて社会問題化する。

当時、グラスゴーは『労働者階級の都市』と見られていたが、1980年代に就任した首長のリーダーシップで分野横断的な組織づくりや連携体制の構築、さらに市民の理解・支持を得て、美術館や博物館などの文化施設を建設。そして、学会や国際会議、国際大会などの招致に精力的に取り組んだ。

かつて文化・芸術から縁遠い工業都市だったグラスゴーが、いまや最先端の文化・芸術を創造する都市へと変貌した。グラスゴーは、1990年に欧州文化首都に選ばれるなど、スコットランド随一の都市として文化、経済、商業の中心地となっている。

脱工業都市が『文化商品』輸出―フランス・ナント

『ナントの勅令』で名高いナントは、かつてフランス屈指の工業都市だった。第2次世界大戦後、ナントは造船業を中心に栄えた。しかし、1970年代に港湾が移転、さらに造船所閉鎖で失業者が溢れ、厳しい状況に追い込まれた。

1990年代に首長の強力なリーダーシップで文化・芸術による都市再生へ舵を切る。都市計画をはじめ経済、文化、社会など各分野の専門家を招聘して、文化による都市再生を全面に打ち出した。

古都・ナントの歴史的遺産を生かした魅力的な都市づくりを目指して、『三大陸映画祭』や『書籍とアート』フェスティバル、地域密着型クラシック音楽祭などの文化イベントを開催。なかでも音楽祭はパッケージ化されて国外の都市でも導入されるなど、いわば『文化商品』の輸出を手掛けるまでになった。

☆　☆　☆

これらヨーロッパの産業・工業都市が文化・芸術を戦略的に組み込むことで都市再生を果たしていった。この点に着目したイギリス人都市計画家チャールズ・ランドリーは、「文化や芸術が生み出す過程での『創造力』こそが、都市

斬新な建築デザインのビルバオ・グッゲンハイム美術館
（画像提供：スペイン政府観光局）

フランス・ナント

イギリス・グラスゴー

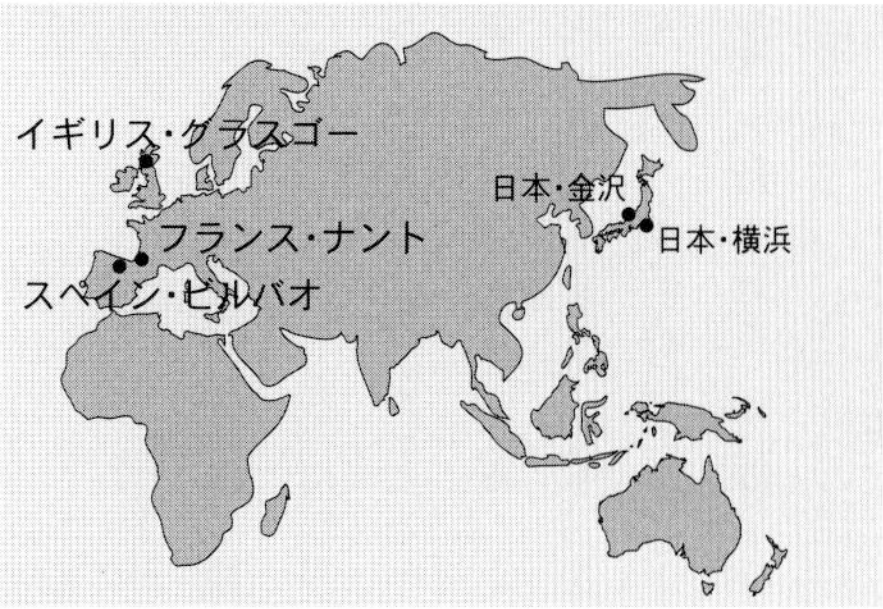

や地域を蘇らせる原動力である」として、『創造都市（Creative City）』という概念を打ち出した。

文化・芸術による都市再生の共通項とは何か

かつての産業・工業都市が、都市再生を図る上で重要な役割を果たしたのが、文化・芸術であるといえる。これら文化・芸術で再生した都市に共通するのは首長による決断と卓越したリーダーシップ、そして地域住民も巻き込んだ大胆な取り組みだった。

再開発や施設建設などのハード面に加えて、活用や既存施設の転用などのソフト面にも考慮して取り組んだ点は大きい。さらに美術館の誘致や専門的な人材の招聘などに代表される域外資源の導入・活用にも積極的だ。

本来、文化・芸術は、その土地の風土や歴史、気質、自然などに育まれたものであり、その裾野は広く、そして奥深い。このため、文化・芸術が発する創造力を生かして都市再生を図っていく上で、従来のタテ割型組織だと十分な対応が困難な面もある。事実、多くの都市再生の事例では横断的な組織づくりや住民も参画した連携体制を構築してきた。

このような取り組みは、閉塞感のある地域や既存組織にヨコ串を刺すことであり、そして風穴を開けることにもつながった。その結果、人々をはじめ、組織や地域を活性化させて、都市再生を導いたと考えられる。日本国内における事例を取り上げたい。

『奇跡の美術館』で地域活性化――金沢市

1980年代後半からの急速なグローバル化の荒波によって、金沢の主力産業だった繊維産業は衰退して、紡績工場や倉庫群が廃墟と化した。こうした工場・倉庫群を転用して『金沢市民芸術村』が誕生。近代産業遺産が、『文化創造の場』に生まれ変わった。

2004年10月には金沢市中心部に突如、丸い円盤状の金沢21世紀美術館が出現した。『まるびぃ』の愛称で親しまれる同館の初代館長だった蓑豊さんは、「芸術は創造性あふれる将来の人材を養成する未来への投資」と考え、市内の小・中学生の無料招待や学芸員の出張授業など、アメリカ仕込みの斬新な企画や発想で驚異的な集客を成し遂げた。開館1年目に市内人口の3倍強にあたる157万人が訪れ、『奇跡の美術館』と称された。来館者がもたらした経済効果は111億円だった。初年度の建設費も含めた波及効果は328億円にもおよんだ。

大胆な行政機構改革で創造都市へ――横浜市

日本の近代工業化を支えてきた京浜工業地帯の一翼を担ってきた都市の一つが横浜だ。しかし、20世紀末のグローバル化で横浜の製造業も空洞化した。

工業都市からの脱却を目指した『みなとみらい21』などの大規模ウォーターフロント開発をバブル崩壊が直撃した。当時の中田宏市長は2004年、都市再生ビジョン『文化芸術創造都市』を打ち出し、文化・芸術による都市再生の中核的な取り組みとして文化創造エリアづくりと映像都市路線を掲げる。

文化創造エリアづくりは、市内の西洋建築物や旧銀行支店などの文化財、臨海部の倉庫や空きオフィスなどを活用してアーティストやクリエーター、市民向けに『創造の場』とした。浜銀総合研究所は、文化創造エリア開設3年間の経済波及効果を120億円と推計した。文化庁の『文化芸術創造都市』表彰制度において、横浜市は金沢市などとともに文化庁長官表彰(文化芸術創造都市部門)を受賞した。

みなとみらい全景（左）と横浜赤レンガ倉庫（右）（画像提供：横浜観光コンベンション・ビューロー）

金沢21世紀美術館（画像提供：金沢市）

国連も注目する文化を生かした都市政策

このような一連の文化・芸術の持つ可能性を生かした都市政策は、国連も注目している。

ユネスコ（国際連合教育科学文化機関）は2004年、「世界各地の文化産業が潜在的に有している可能性を、都市間の戦略的連携により最大限に発揮させる」として、創造都市ネットワークを立ち上げた。

映画やデザイン、文化、工芸など7つの分野で世界的に特色ある都市を認定した世界各地の都市で組織する。日本からは、デザイン部門で神戸市と名古屋市、工芸部門で金沢市など6都市が認定を得ている。

21世紀を迎えて、さらなるグローバル化が進む今日、各地の都市や地域においては文化・芸術が持つ創造力や可能性を活かしながら、住民主体による都市戦略や地域振興の試みに注目を集めている。

再考！　文化とは一体何なのか？

美術、音楽、演劇、舞踊、工芸、建築物……。これらも含めて日常的に使っている文化という言葉の意味合いは、相当広い。日々の暮らしや行動のスタイルに始まり、人間の知的思考・行動様式も含めると、無限の広がりがあると言っても過言ではない。

その一方で都市再生や地域振興の切り札として注目されて、期待を集めているのも文化だ。普段、何気なく使っている文化とは一体何を指すのだろうか。

一般的な意味について、辞書を紐解くと、「文化とは、人間が自然に手を加えて形成してきた成果のこと。衣食住をはじめ、技術・学問・芸術・道徳・宗教を含む」(『広辞苑』抜粋)と説明されている。

また、初めて学問的に定義したといわれる人類学者・エドワード・タイラーによると、「文化あるいは文明の定義とは、知識、信仰、芸術、道徳、法律、慣行、その他、人が社会の構成員として獲得した能力や習慣を含むところの複合された総体」とする。

文化とは、「土地の魅力・個性を表現したモノ、人々を結び付けるソフトである」

日本における文化振興の根幹である文化芸術振興基本法では、「文化芸術は、人々の創造性をはぐくみ、その表現力を高めるとともに、人々の心のつながりや相互に理解し尊重し合う土壌を提供し、多様性を受け入れることができる心豊かな社会を形成するものであり、世界の平和に寄与する」と定義する。

これらの見解や考え方も踏まえ、《福岡／九州の未来をデザインする》という観点からは、文化について「日々暮らす土地の魅力・個性(自然・風土・気質)を表現したモノであり、長年の歴史や風土のなかで培ってきた人々を結び付けるソフト(含む情報)でもある」と考えたい。

これらの視点や意味合いも踏まえながら、福岡県、福岡市における文化・芸術に対する考え方や取り組みをみてみたい。

『福岡県文化振興プラン』にみる文化政策

「個性と魅力に満ちた文化県ふくおかの実現を目指して」――。福岡県は1993年、『福岡県文化振興ビジョン』を策定して、ふくおか県民文化祭、福岡県文化賞の贈呈が始まる。

国は2001年、「心豊かな国民生活及び活力ある社

『芸どころ博多』の殿堂、博多座の正面玄関（画像提供：福岡市）

ミュージックシティ天神の模様（画像提供：福岡市）

福岡アジア美術館（画像提供：福岡市）

博多芸妓衆による『博多をどり』（画像提供：福岡市）

会の実現」を謳った文化芸術振興基本法を制定した。その後の2004年秋、《文化の国体》ともいわれる『第19回国民文化祭・ふくおか2004（とびうめ国文祭）』が福岡県で開催され、会期中に345万人が訪れた。

翌2005年、福岡県文化振興ビジョンを見直して『福岡県文化振興プラン』を策定。国の文化芸術振興基本法を踏まえながら、福岡県文化振興プランは「県民の自主性や創造性の尊重による多様な文化芸術の保護・発展」「豊かな県民生活と活力ある地域社会づくり」を理念として掲げる。

『福岡市文化芸術振興ビジョン』にみる文化政策

アジア太平洋フェスティバル福岡、アジアンパーティ、福岡アジア文化賞、アジアフォーカス福岡映画祭、ミュージックシティ天神、FUKUOKAデザインリーグ……。アジア関連を中心に先駆的に手掛けてきた福岡市の文化・芸術における役割・機能を再認識し、今後の文化芸術政策の方向性を示すのが、『福岡市文化芸術振興ビジョン』だ。

2008年12月に策定した同ビジョンは『すべての人へ』『未来へ向けて』を基本理念に《文化芸術による魅力ある

街づくり》を目指す。そして「文化芸術は人間の創造的な営みとして人間の日常生活の中に息づき、日常的な創造の喜びにあふれ、生きていくうえで大事な役割を果たしてきたもの」とする。

文化・芸術は如何に都市・地域を元気にしたか

文化・芸術が生み出す『創造力』が都市や地域を蘇らせる――。文化・芸術は一体、どのようにして都市や地域の質を高め、活性化させるのか。

この問い掛けに対するヒントとなるのが、イギリス・ブレア政権が提唱した『クリエイティブ産業』という考えだ。

ブレア政権下の1998年、イギリス文化・メディア・スポーツ省はクリエイティブ産業を「個人の創造性や技術、才能に起源を持ち、知的財産の創造と市場開発を通して財と雇用を生み出す可能性を有する産業群」と定義して、次の13分野を認定した。

(1)広告、(2)建築、(3)美術・骨董品市場、(4)工芸、(5)デザイン、(6)デザイナーズ・ファッション、(7)映画・ビデオ、(8)コンピューターゲームソフト、(9)音楽、(10)舞台芸術、(11)出版、(12)コンピューターソフトウェア・同サービス、(13)テレビ・ラジオ放送。

これら文化・芸術と関わっているクリエイティブ産業が、〝財〟や〝雇用〟を生み出すことで、都市や地域の経済が活発化して、ひいては都市や地域の再生にもつながる。

クリエイティブ産業の集積都市・福岡の可能性

目の前に海が広がり、背後に緑豊かな山が控えるコンパクトな福岡は、恵まれた自然環境に加えて、機能的な都市機能、交通や買い物の利便性、良好な住環境、魅力ある食文化を持つ都市だ。

その一方で市内を流れる一級河川はなく、また十分な工業用地も確保できなかった。この結果、戦後日本が重化学工業を主体とした経済成長を遂げる中、福岡は商業流通都市としての道を歩むことになった。

今日、九州の中枢拠点としてハブ機能を担う福岡は流通、サービス、ファッション、ゲーム、デザイン、飲食、美容などの第3次産業が大きな割合を占める。この結果、福岡におけるクリエイティブ産業の集積度も高く、同産業従事者数や人口あたり従事者の割合は多い。

九州芸文館

福岡市総合図書館（画像提供：福岡市）

九州国立博物館（画像提供：福岡県観光連盟）

福岡市美術館（画像提供：福岡市）

福岡版クリエイティブ産業のあり方を考える

ゲーム産業をはじめ、ファッション・デザイン産業、国際会議・イベントの数々、数多い大学・学生……。大陸との2000年におよぶ交流の歴史を有する福岡は、日本有数のクリエイティブ産業が集積する都市としての顔も持つ。

イギリス政府によるクリエイティブ産業の定義は13分野を規定する。国情の違いに加え、これら以外にも付加価値を創造する産業がある点を踏まえ、福岡独自の地域性豊かな『福岡版クリエイティブ産業』を打ち出すこともあり得る。例えば、豊かな食文化と食材に育まれた飲食分野、古今数々の博覧会開催で発展して来た都市を下支えしたイベント分野、全国有数の激戦区であり、さらに海外客も訪れる美容分野などを福岡版クリエイティブ産業の範疇に入れ、産学官民で振興を図っていくことが重要ではないだろうか。

クリエイティブ都市からイノベーション都市へ

ヘルシンキ、ベルリン、コペンハーゲン、アムステルダム、メルボルン、シアトル……。これら都市圏人口200万人クラスの都市が、いま脚光を浴びている。

メガシティに無い《コンパクト》な都市機能が強みであり、恵まれた自然環境や豊かな食文化やアートがあり、暮らしやすさ・働きやすさで多くの人々をひきつける、これら各都市は、『イノベーション都市』として、注目を集めている。各都市には、先駆的な教育機関や研究機関があり、それらを核にして、創造的な発想で世界的に注目されるイノベーションが次々と生まれている。そして、数多くのグローバル企業が誕生・成長していくことを通じて、都市や地域に好循環をもたらしている。

クリエイティブ産業が集積したクリエイティブ都市が一世を風靡した世界のまちづくりにおいて、いまホットなテーマは、イノベーション都市だ。

福岡の都市環境・文化・クリエイティブ産業がイノベーション都市へ導く

コンパクトで利便性の高い都市機能をもち、良好な生活環境があり、クリエイティブ産業の集積、多彩な人材の存在や市民力の高さに加えて、さらに産学官民の距離的な近さなどがある福岡は、イノベーション都市にも成り得る要件がそろっている。

そして、福岡が長年培ってきた文化・芸術、創造性、そしてクリエイティブ産業は、イノベーション都市づくりの素地としても有効だ。

福岡におけるイノベーション都市の実現に向けては、『イノベーションスタジオ福岡』が期待されている。最先端で実践的なプログラムの提供をはじめ、グローバル企業などの参画や海外のイノベーション都市との連携などを手掛けていくイノベーション創出のプラットフォームである

課題探究→試作・試用→連携構築でイノベーションを創出

イノベーションスタジオ福岡では、創造的な市民を起点とした《市民発イノベーション》の実現を目指している。《デザイン思考》などの手法も取り入れ、《多様な人材》の参画で画期的なビジネスアイデアを生み出して、《世界の都市・機関との共同》で規模の拡大に結びつけていく考えだ。

具体的な取り組みとしては、《課題の探求によるイノベーションの〝芽〟の発見》→《試作と試用によるアイデアの

市民発イノベーションに関するワークショップでの一コマ
（画像提供：イノベーションスタジオ福岡）

2013年11月に開催されたFukuoka地域戦略サミット2013の場でもイノベーションについて討議された

デザインなどをテーマとしたセミナーや交流会も活発に開催されている（画像提供：D&DEPARTMENT）

福岡県Ruby・コンテンツビジネス振興会議では、ITやデジタル技術の普及・発展に取り組む

精緻》➡《アイデアの事業化に向けたグローバル連携構築》の3段階を通じて、生活者視点でのイノベーションやアイデアを生み出していく。

スポーツをはじめ、高齢者のライフスタイル、スマートモビリティ、リロケーション（移り住む）、スマートフード※、教育のイノベーション、ファミリービジネスの未来など多岐の分野でテーマを設定する。これら一連のイノベーション創出に伴う成果は、起業や既存企業での新規事業創出、さらに新たな公共都市サービスへの展開などを想定している。

福岡が歩み始めたイノベーション都市への階段

2014年3月に福岡市を含む全国6地域が国家戦略特区に選定されて、福岡市は『グローバル創業・雇用創出特区』として、《世界一チャレンジしやすく、新たな価値を産み続ける都市》を目指している。

これまで文化・芸術のもつ創造性をベースにしたクリエイティブ産業が集積していた。今後、都市のコンテンツとなって、多彩なヒトやビジネス、情報・個性が集まって、〝化学反応〟を起こすことでイノベーション都市への新たなステップを福岡は歩み始めている。

※スマートフードとは：東日本大震災を契機に節電や節約だけでなく、スマートな暮らしへの意識が高まり、安全で保存性が高く、調理せずに簡単に摂取できる災害非常食や保存食としても流用できる、ゼリー飲料や詰め替え式カップ麺などが『スマートフード』と呼ばれるようになった

福岡/九州における主な美術館・博物館一覧

■福岡県における主な美術館・博物館
●秋月美術館（朝倉市）
●石橋美術館（久留米市）
●一草庵村の美術館（大木町）
●出光美術館（北九州市）
●伊都郷土美術館（糸島市）
●いのちのたび博物館(北九州市)
●大川市立清力美術館
●嘉麻市立織田廣喜美術館
●開門海峡ミュージアム（海峡ドラマシップ）
●カボチャドキヤ国立美術館（北九州市）
●北九州市立美術館
●北谷美術倶楽部（太宰府市）
●亀陽文庫・能古博物館（福岡市）
●久我記念美術館（須恵町）
●現代美術センターCCA北九州（北九州市）
●小石原焼伝統産業会館（東峰村）
●九州国立博物館　（太宰府市）
●早良美術館るうゑ（福岡市）
●晴明会館（福岡市）
●田川市美術館（田川市）
●筑前・染と織の美術館（北九州市）
●直方谷尾美術館（直方市）
●福岡アジア美術館（福岡市）
●福岡県立美術館（福岡市）
●福岡市博物館（福岡市）
●福岡市美術館（福岡市）
●福岡東洋陶磁美術館（福岡市）
●増田美術ギャラリー（行橋市）
●松本清張記念館（北九州市）
●ミュゼ・オダ（福岡市）

■佐賀県における主な美術館・博物館
●今右衛門古陶磁美術館
●河村美術館
●佐賀県立九州陶磁文化館
●佐賀県立佐賀城本丸歴史館
●佐賀県立博物館・美術館
●はなさか浮世絵美術館

■長崎県における主な美術館・博物館
●祈りの丘絵本美術館
●雲仙スパハウス・ビードロ美術館
●雲仙よか湯森の美術館
●小さな美術館
●月の美術館
●長崎県美術館
●長崎市須加五々道美術館
●長崎市の文化財
●ナガサキピースミュージアム
●野口彌太郎記念美術館
●ハウステンボス美術館・博物館
●松浦史料博物館

■熊本県における主な美術館・博物館
●阿蘇火山博物館
●阿蘇白水郷美術館
●阿蘇たにびと博物館
●宇城市不知火美術館
●風の丘 阿蘇 大野勝彦美術館
●熊本県立美術館　分館のみ
●熊本市現代美術館
●熊本市立熊本博物館
●熊本伝統工芸館
●坂本善三美術館
●地蔵美術館・招き猫美術館
●島田美術館
●ズートピア
●つなぎ美術館
●八代市立博物館未来の森ミュージアム
●湯前まんが美術館

■大分県における主な美術館・博物館
●朝倉文夫記念館
●大分県立芸術会館
●大分市美術館
●九州芸術の杜
●日本竹の博物館
●マルク・シャガールゆふいん金鱗湖美術館
●ヤマコ臼杵美術博物館
●湯布院 岩下コレクション
●由布院美術館
●米水津夢美術館

■宮崎県における主な美術館・博物館
●新しき村・武者小路実篤記念美術館
●椎葉民俗芸能博物館
●西都原考古博物館
●高鍋町美術館
●都城市立美術館
●宮崎県立美術館
●森の空想ミュージアム

■鹿児島県における主な美術館・博物館
●鹿児島県歴史資料センター黎明館
●鹿児島市立美術館
●霧島アートの森
●猿穴
●示現流兵法所史料館
●尚古集成館
●田中一村記念美術館
●長島美術館
●中村晋也美術館
●ホテル京セラ縄文遺跡ミュージアム
●松下美術館
●三宅美術館
●吉井淳二美術館

引用）『フォーラム福岡』Vol.30（2010年3月発行）

大都市の人口に占める学生の割合

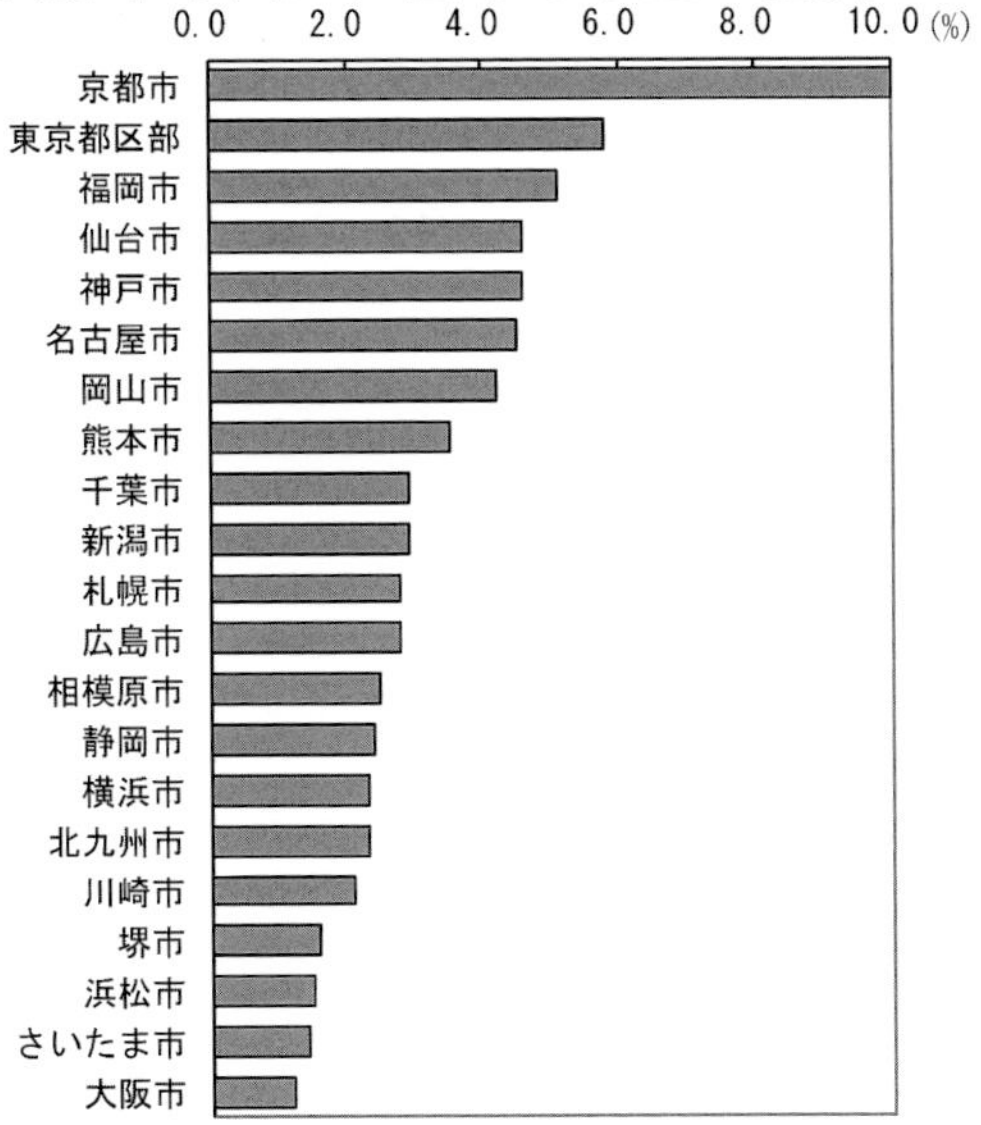

大都市の大学及び短期大学の概況

（校，人，％）

区分	学校数			学生数			推計人口（平成26年5月1日現在）	人口に占める学生数の割合
	計	大学	短期大学	計	大学	短期大学		
札幌市	22	15	7	53 507	50 545	2 962	1 940 659	2.8
仙台市	13	10	3	49 089	47 208	1 881	1 070 757	4.6
さいたま市	6	4	2	17 235	16 626	609	1 249 358	1.4
千葉市	11	8	3	27 709	26 458	1 251	964 925	2.9
東京都区部	127	95	32	526 857	514 006	12 851	9 117 859	5.8
横浜市	17	13	4	84 018	82 505	1 513	3 708 122	2.3
川崎市	8	5	3	31 067	29 915	1 152	1 457 315	2.1
相模原市	4	2	2	18 220	17 367	853	722 375	2.5
新潟市	11	7	4	23 394	21 969	1 425	808 461	2.9
静岡市	8	4	4	17 038	15 002	2 036	707 207	2.4
浜松市	7	6	1	11 522	11 230	292	791 513	1.5
名古屋市	24	17	7	101 629	98 803	2 826	2 273 947	4.5
京都市	38	27	11	146 723	143 135	3 588	1 470 449	10.0
大阪市	19	11	8	33 118	28 821	4 297	2 684 562	1.2
堺市	10	7	3	13 531	12 546	985	840 158	1.6
神戸市	25	20	5	71 377	69 620	1 757	1 538 667	4.6
岡山市	11	8	3	30 266	28 918	1 348	713 943	4.2
広島市	17	12	5	33 525	31 391	2 134	1 184 565	2.8
北九州市	13	9	4	22 614	21 093	1 521	964 700	2.3
福岡市	**20**	**11**	**9**	**76 972**	**72 210**	**4 762**	**1 514 815**	**5.1**
熊本市	8	7	1	26 172	25 557	615	739 445	3.5

出典）『ふくおかの統計 平成26年09月号 特集』

ユネスコ創造都市ネットワーク一覧 2014年12月時点

■文学
エディンバラ(イギリス・2004年)
メルボルン(オーストラリア・2008年)
アイオワシティ(アメリカ・2008年)
ダブリン(アイルランド・2010年)
レイキャビク(アイスランド・2011年)
ノリッチ(イギリス・2012年)
クラクフ(ポーランド・2013年)
ダニーデン(ニュージーランド・2014年)
グラナダ(スペイン・2014年)
ハイデルベルク(ドイツ・2014年)
プラハ(チェコ・2014年)

■映画
ブラッドフォード(イギリス・2009年)
シドニー(オーストラリア・2010年)
釜山市(韓国・2014年)
ゴールウェイ(アイルランド・2014年)
ソフィア(ブルガリア・2014年)

■音楽
セビリア(スペイン・2006年)
ボローニャ(イタリア・2006年)
グラスゴー(イギリス・2008年)
ヘント(ベルギー・2009年)
ボゴタ(コロンビア・2012年)
ブラザヴィル(コンゴ共和国・2013年)
浜松市(日本・2014年)
ハノーバー(ドイツ・2014年)
マンハイム(ドイツ・2014年)

■クラフト&フォークアート
サンタフェ(アメリカ・2005年)
アスワン(エジプト・2005年)
金沢市(日本・2009年)
利川市(韓国・2010年)
杭州市(中国・2012年)
ファブリアーノ(イタリア・2013年)
パデューカ(アメリカ・2013年)
ジャクメル(ハイチ・2014年)
景徳鎮市(中国・2014年)
ナッソー(バハマ・2014年)
ペカロンガン(インドネシア・2014年)
蘇州市(中国・2014年)

■デザイン
ブエノスアイレス(アルゼンチン・2005年)
ベルリン(ドイツ・2005年)
モントリオール(カナダ・2006年)
神戸市(日本・2008年)
名古屋市(日本・2008年)
深セン市(中国・2008年)
上海市(中国・2010年)
ソウル市(韓国・2010年)
サン=テチエンヌ(フランス・2010年)
グラーツ(オーストリア・2011年)
北京市(中国・2012年)
ビルバオ(スペイン・2014年)
クリチバ(ブラジル・2014年)
ダンディー(イギリス・2014年)
ヘルシンキ(フィンランド・2014年)
トリノ(イタリア・2014年)

■メディアアート
リヨン(フランス・-2008年)
アンギャン=レ=バン(フランス・2013年)
札幌市(日本・2013年)
ダカール(セネガル・2014年)
光州市(韓国・2014年)
リンツ(オーストリア・2014年)
テルアビブ=ヤッファ(イスラエル・2014年)
ヨーク(イギリス・2014年)

■食文化
ポパヤン(コロンビア・2005年)
成都市(中国・2010年)
エステルスンド(スウェーデン・2010年)
全州市(韓国・2012年)
ザーレ(レバノン・2013年)
フロリアノーポリス(ブラジル・2014年)
鶴岡市(日本・2014年)
順徳区(広東省仏山市)(中国・2014年)

九州内の主なご当地グルメ

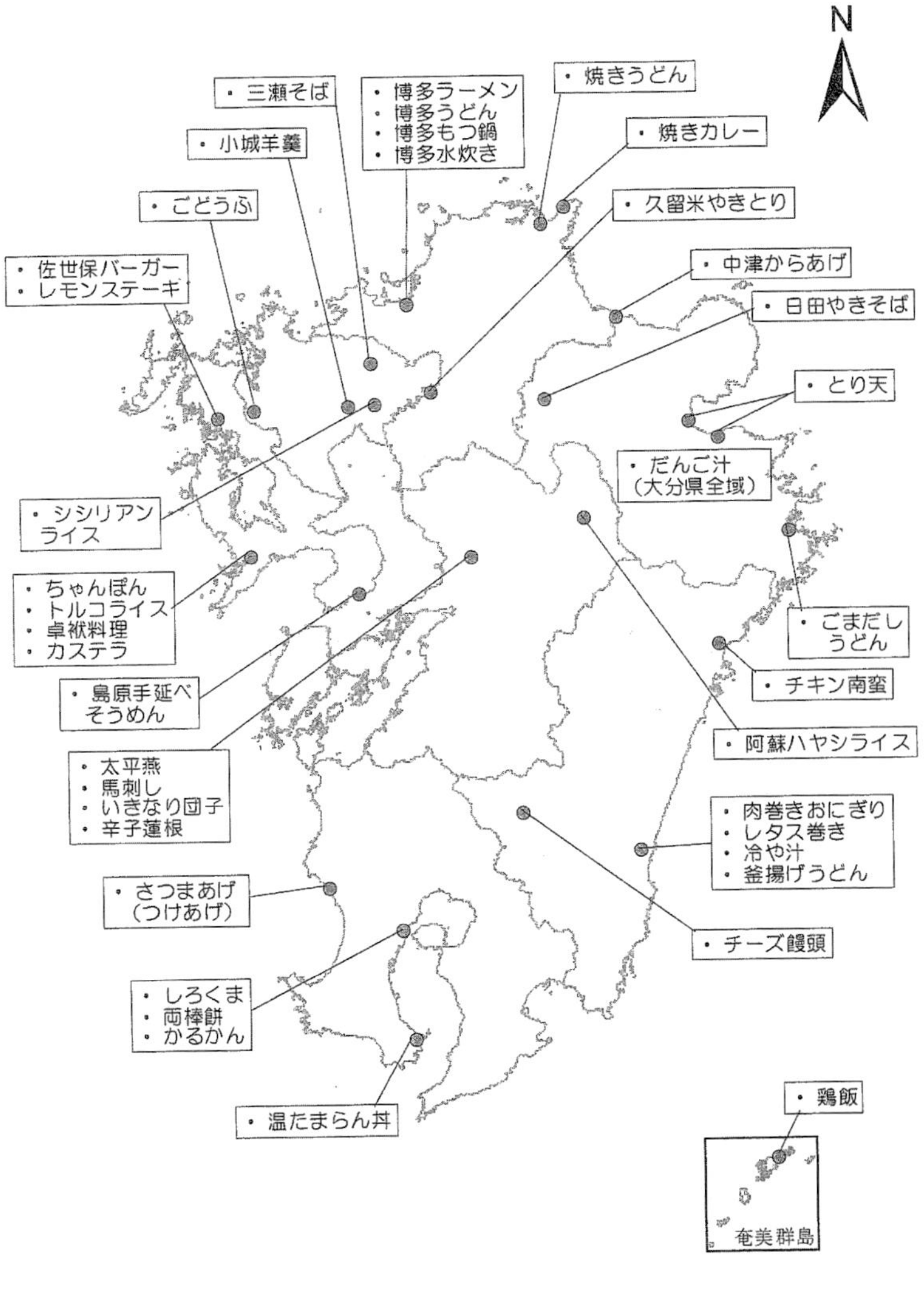

出典）日本政策投資銀行『九州ハンドブック 平成26年版』

九州における伝統的工芸品

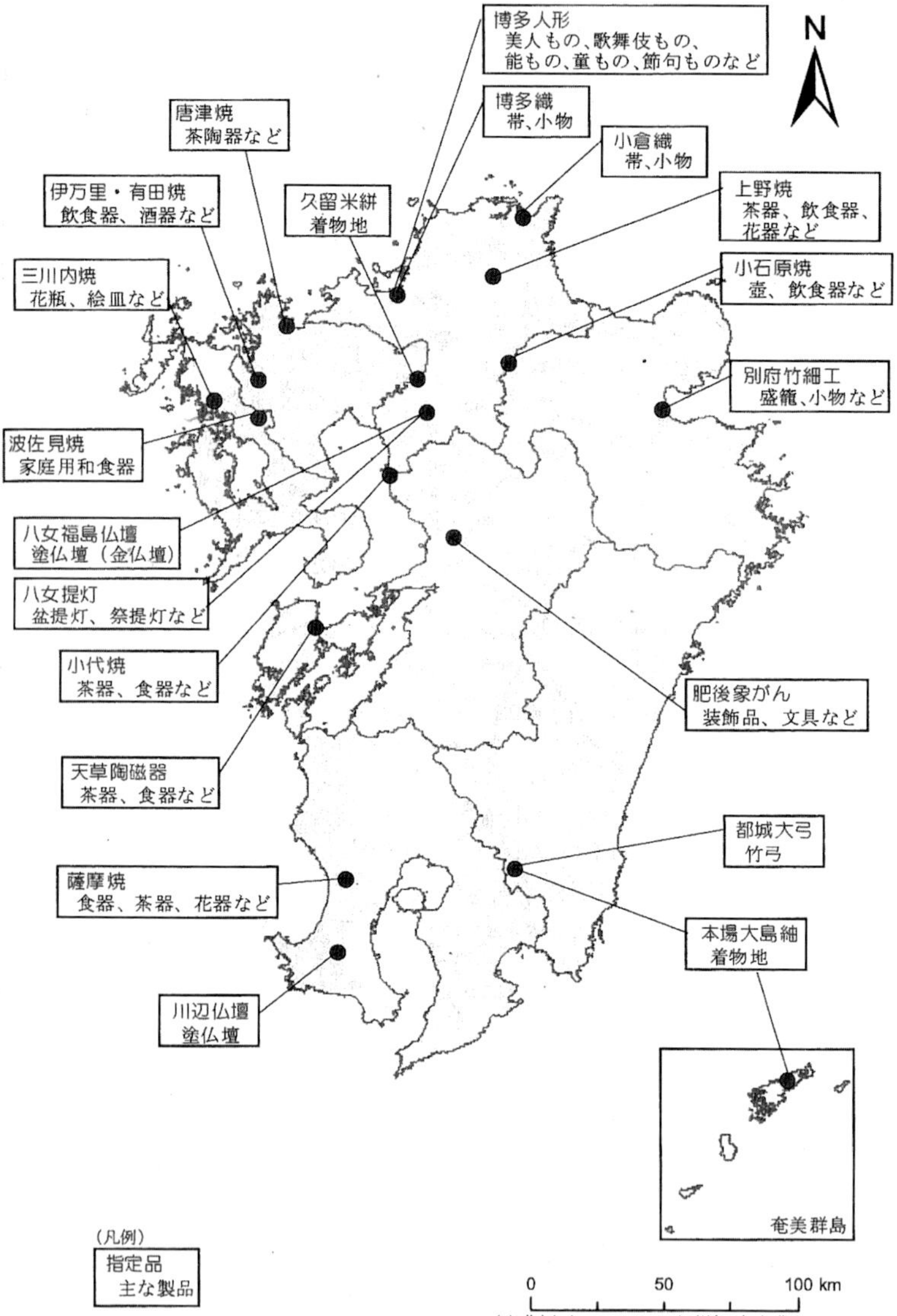

(出典)(C)Esri Japan、九州経済産業局HP

出典）日本政策投資銀行『九州ハンドブック 平成26年版』

九州内にある国宝

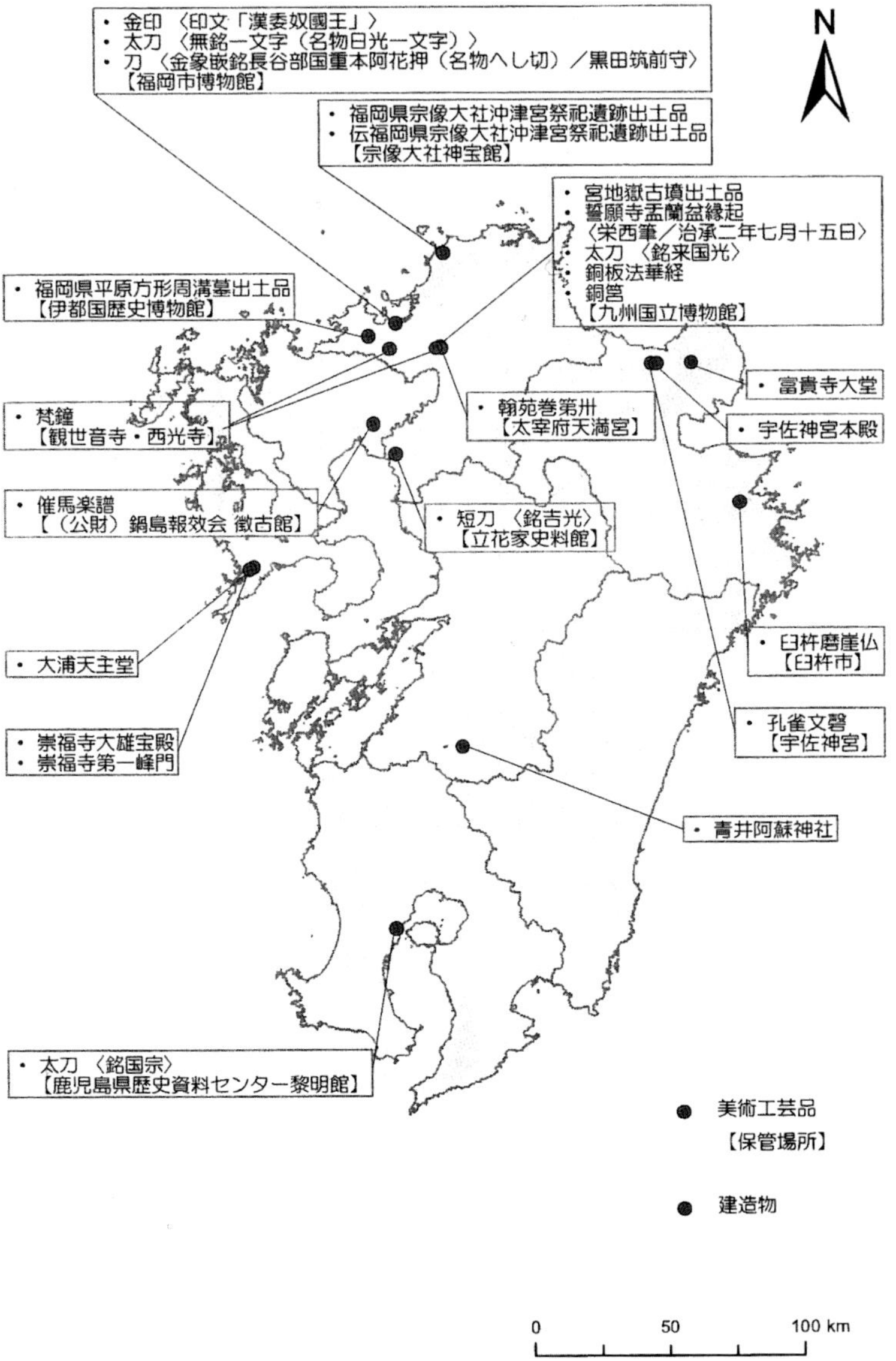

(出典)(C)Esri Japan
文化庁国指定文化財等データベース、各施設HP

出典）日本政策投資銀行『九州ハンドブック 平成26年版』

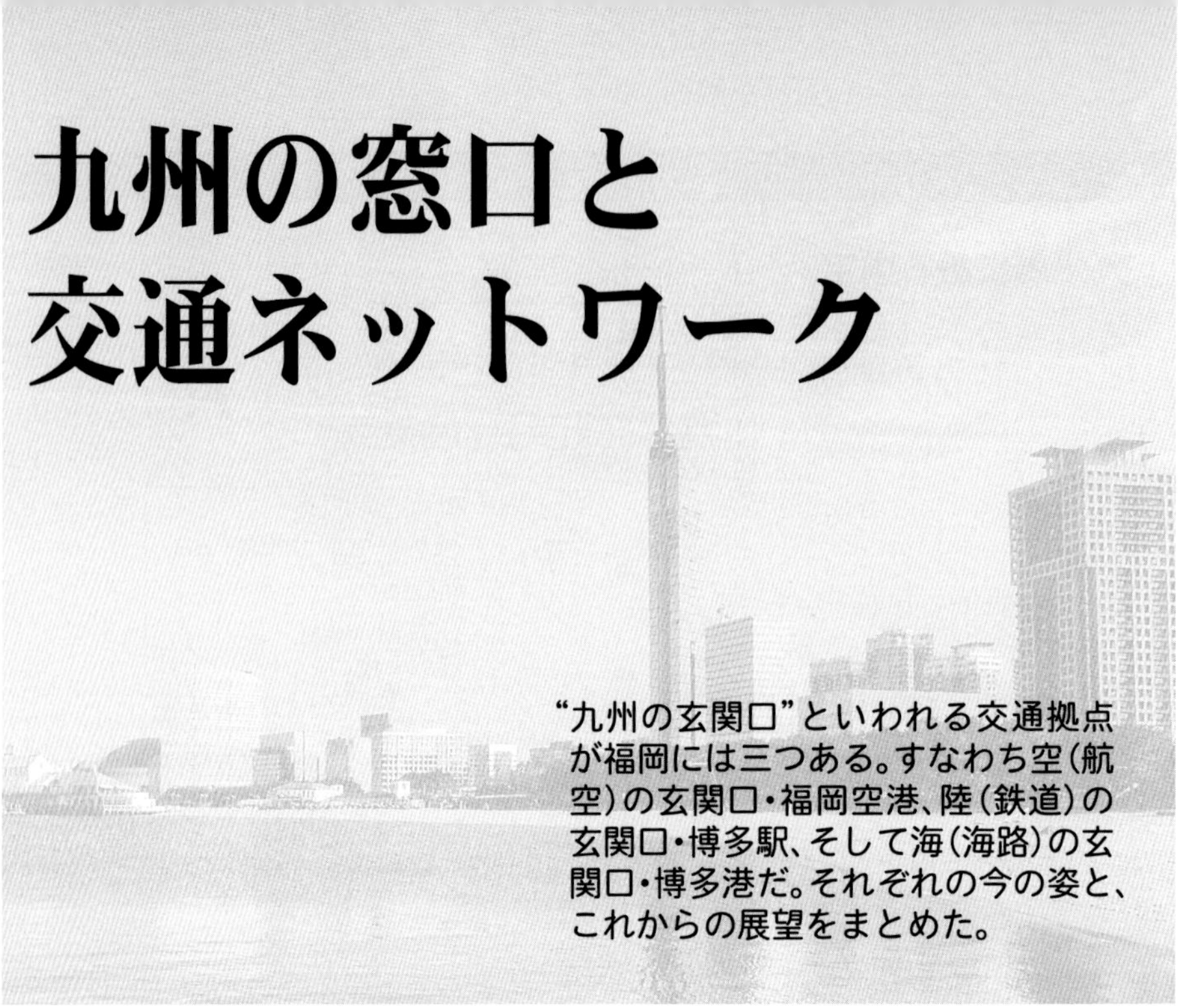

九州の窓口と交通ネットワーク

“九州の玄関口”といわれる交通拠点が福岡には三つある。すなわち空（航空）の玄関口・福岡空港、陸（鉄道）の玄関口・博多駅、そして海（海路）の玄関口・博多港だ。それぞれの今の姿と、これからの展望をまとめた。

【空の玄関口・福岡空港の「いま」と「これから」】

滑走路1本の空港では日本一の旅客数

福岡空港は2800mの滑走路を持つ国管理空港だ。2015年1月現在、国内線が26路線（1日188往復）、国際線はアジアを中心に19路線（週232往復）の定期便がある。国内線・国際線をあわせた年間旅客数は1929万人（13年度）と羽田、成田に次ぐ国内3位の数字だ。滑走路一本の空港としては国内1位で、関空、伊丹、中部などを上回る。

旅客数は2002年度の1968万人をピークに減少が続いていたが、LCC（格安航空会社）の参入や国際線の新規就航・増便などがあった12年度には、前年比約200万人増の1778万人。13年度も151万人増と、ピーク時に迫る勢いを見せている。特にLCCの就航路線において伸びが顕著で、ジェットスター、エアアジア（13年撤退）が就航した成田線、ピーチ・アビエーションが就航した関西線、ティーウェイ航空（韓国）が路線を持つ仁川線などで増加している。

また国際線の旅客数も増え続けており、2013年度

九州の陸・海・空の《玄関口》と交通体系化

ONE POINT VIEW

には319万人に達した。これは成田、関空、羽田、中部につぐ国内5位の数字だ。九州管内では国際線旅客シェアの約9割を占め、西日本の空の玄関口として機能している。

慢性的遅延・国際線へのアクセスが課題

増え続ける旅客数と路線により、発着回数（ヘリコプターを除く）も増加の一途をたどる。2012年度は15万回1000回、13年度は16万7000回を超え、「円滑に運用できる目安」の16万4000回を上回っている。

その結果、空港の混雑につながっており、特に朝夕のピーク時には離陸待ちの旅客機が誘導路にずらりと並ぶ。ボーディング・ブリッジを離れた段階で〝出発〟とみなされるため時刻表上での遅延は目立たないが、離陸ベースでは遅延が常態化している。

国際線と都心部のアクセスも課題だ。公共交通機関で都心部に出る手段としては路線バスか地下鉄だが、バスは多い時間帯でも30分に1本しかないうえ、天神まで最速でも約40分かかる。海外便到着が集中する午前中は利用者が多くて乗れないこともある。

福岡空港は市営地下鉄が直結して、天神まで11分と便利だが、それは国内線の話だ。国際線ターミナルから地下鉄駅のある国内線ターミナルまでは連絡バスで10～15分かけて移動する必要がある。待ち合わせなども考えると、やはり40分程度は見ておく必要がありそうだ。

国際線ターミナルと国内線ターミナルはわずか1・4km、国際線ターミナルとJR博多駅との直線距離は約2・2kmである。この3つは羽田空港なら1空港内に収まり、一体運用が考えられる距離である。

また、福岡空港を起点に、都心経由で九州一円を高速バスで結ぶ交通ネットワークは、まさに九州の〝空の玄関口〟にふさわしい手段である。

滑走路増設へ事業着手

福岡空港の過密対策は1989年に九州の知事会と経済界が検討を始めて以来、長年の課題となっていた。2009年5月に滑走路増設で検討を進めていくことが決定し、現在の滑走路西側に2500メートルの滑走路を増設することで、滑走路処理容量は18万8000回まで増える見込みだ。着工に向けて12年から環境アセスメントの手続きを開始しており、早ければ15年度中に完了する。

その後、航空法に基づく告示・審査・公聴会などの手続きや埋蔵文化財調査に入り、増設に必要な用地買収の交渉も行う。今年1月、滑走路増設に向けて、政府が2015年度当初予算案に調査・設計費用として5億円を計上、事業着手の方針が示された。用地買収や工事には約10年かかる見通しで、完成は20年代半ばの見込みだ。

このため窮迫する需要への当面の対応策として、国内線側の平行誘導路の複線化が計画されている。現在の誘導路は単線のため、旅客機がターミナルスポットを出入りする間、他機は通行できず、混雑や遅延の原因になっていた。これを複線化することで航空機の対面通行が可能に

福岡空港滑走増設の配置図

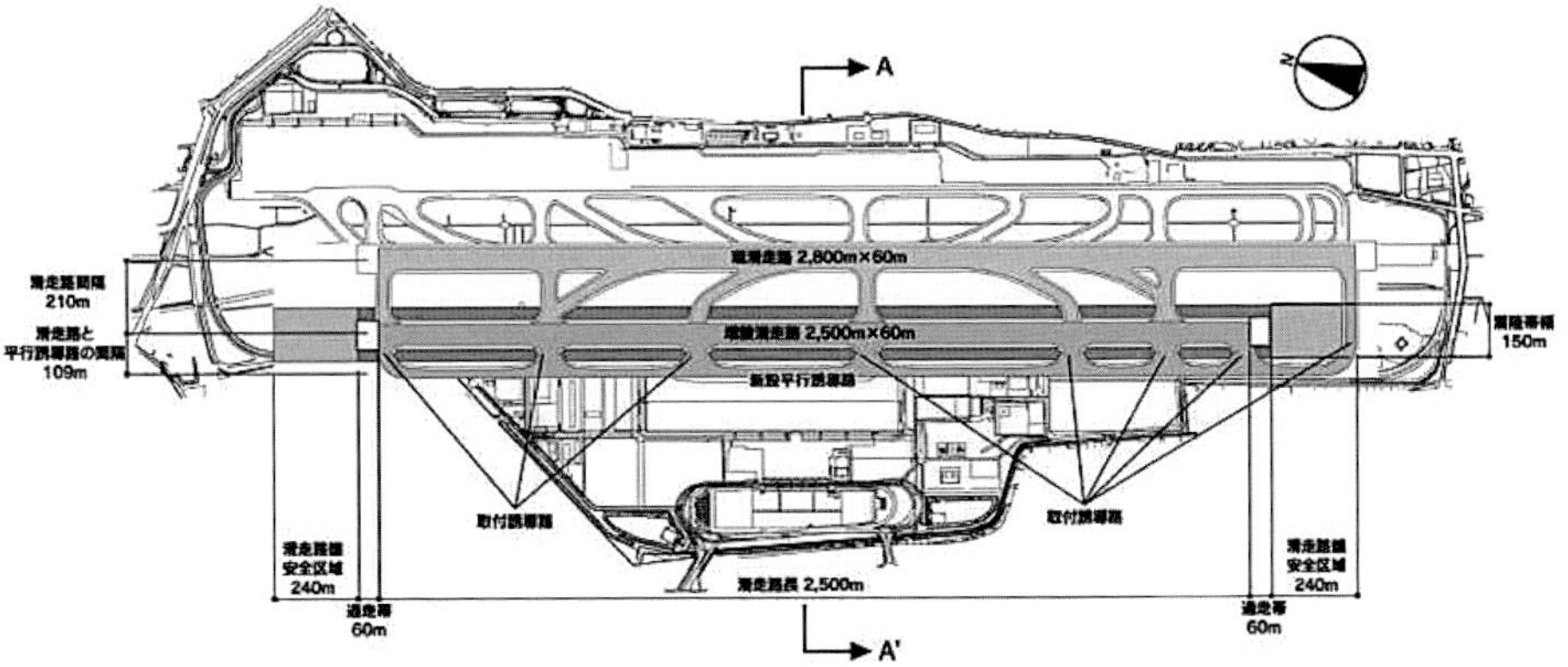

※　取付誘導路については、今後さらに運用面を考慮した配置に変更する場合があります。

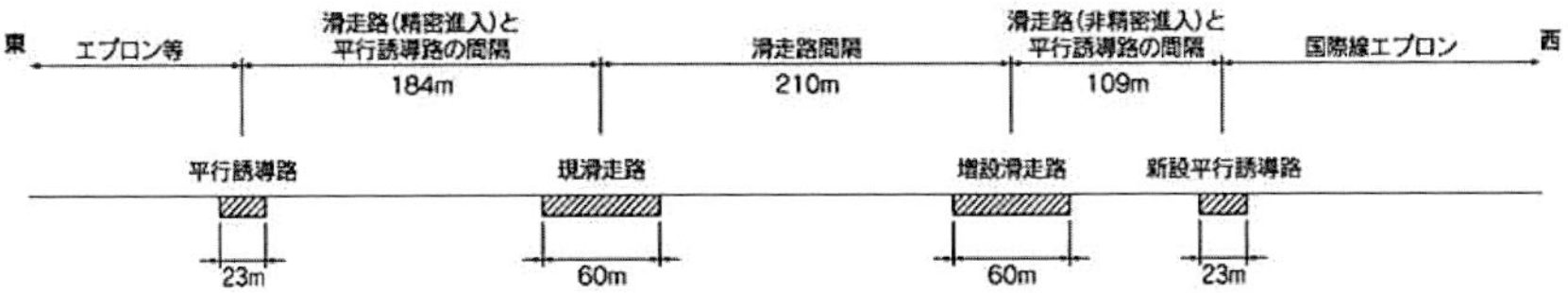

出典:九州地方整備局『福岡空港の能力向上方策について』

なり、遅延の改善や年間6000回の発着回数増が期待されている。

複線化の用地確保のため、第1ターミナルビル(国内地方路線用)と第2ターミナルビル(国内主要路線用)を50メートルほどセットバックする。建替工事にあわせて、国内線旅客ターミナルビルを一体化して利便性を高める。

新ターミナルビルは、地下鉄フロアから航空会社カウンター(1階)や出発口(2階)へ直通できるほか、出発・到着機能を集約、航空会社カウンター・出発口・到着口などを分かりやすく配置する。物販・飲食施設は店舗配置を見直して約3割増床し、展望デッキや集客施設も計画。今年1月にビル再整備工事の入札が締め切られ、今後業者を選定したうえで着工、2019年3月の完成予定だ。

世界で進む航空自由化と空港民営化

1970年代後半にアメリカに端を発した航空自由化の流れは、世界の航空界にLCCの台頭や大手航空会社のアライアンス化をもたらし、空港においても民営化という潮流を生み出した。空港民営化の手法は所有権が移転する『売却型』と移転を伴わない『契約型』に大別される。前者は『株式公開（ＩＰＯ）』と『入札売却（トレードセール）』、後者は『コンセッション（運営権委託）』『運営委託』『ＢＯＴ』（建設・操業・移転）の手法がある。

　このうち、コンセッション型は、土地や施設は国が保有したまま空港の運営・維持・管理を一定期間、民間に任せることだ。運営権を得た民間事業者はその対価を国に支払い、国が業務を民間事業者に委託する仕組みで、日本の空港では２０１３年の『民活空港運営法』成立により、法的環境が整備された。

　いち早くコンセッション導入に向けた検討を進めてきた仙台空港では２０１５年８月に運営権者を決め、16年３月から民間による運営が始まる。14年12月５日に締め切られた一次審査への応募には、ＡＮＡと三菱地所、三菱商事と楽天、東急グループ、イオングループなどの企業連合が応募したようだ。

　コンセッションの動きは、関空・伊丹などでも手続きが進められている。

売却型（所有権移転アリ）	
●株式公開（ＩＰＯ）	**●入札売却（トレードセール）**
≪趣旨≫ 株式上場によって、政府などの持分株式を売却 ≪メリット≫ ・株式市場から柔軟に資金調達が可能 ・空港運営のリスクを完全に民間株主へ移転 ・経営陣や従業員の株式所有でインセンティヴ付与 ≪留意点≫ ・企業価値を高める経営戦略が必要 ・買収される可能性アリ	≪趣旨≫ 株式の全部もしくは一部を特定の民間企業や企業連合に売却 ≪メリット≫ ・過去、落札制なので株式上場よりも高値での売却例が多い ・グローバル・オペレーターの参加で世界水準の空港経営能力の導入が可能 ・空港運営のリスクを完全に民間へ移転 ≪留意点≫ ・需要が少ない空港は売却困難

参考）大和総研『世界の空港民営化の動き』

借地料の負担大きい福岡空港

　空港の収入には、着陸料等（航空会社と利用者が負担）の空港使用に伴う「航空系収入」と、ターミナルビルでのテナント収入や駐車場経営など関連事業で得る「非航空系収入」の２種類がある。

　収入拡大に向けて就航便数の増加が不可欠だが、そのためには着陸料を抑え、利便性に優れた施設や質の高いサービスを提供することが一般的に必要となる。着陸料を

空港民営化における5つの類型

契約型（所有権移転ナシ）		
●民間委託（コンセッション） ≪趣旨≫ ・土地と施設の所有権を政府に残したまま、一定期間の空港の運営・維持・整備を民間に委託する ・民間企業は利用料の徴収権を得ることができる（所有と経営の分離） ・民間企業は対価として、運営権料を政府に支払う※無償もある ≪メリット≫ ・行政財産の処分に対する批判を避けることができる ・所有権は政府、契約を通じて空港運営に関与することが可能 ・民間企業は将来的な投資も含めてリスクのほとんどを負担 ≪留意点≫ ・ある程度の需要が見込めないと契約の成立が困難 ・契約内容の充分な検討が必要	●運営委託 ≪趣旨≫ ・最も一般的な委託契約 ・通常5年～15年 ・空港の業績に応じて政府が民間事業者に委託料を支払う、あるいは民間事業者が一定額や売上高の一定割合を政府に納める場合がある ・投資の責任は政府サイドにあり、民間事業者は維持・運営のみ ・オペレーション上のリスクは官民で分担する	●BOT（建設・操業・移転） ≪趣旨≫ ・空港の拡張やターミナルを建設する場合に民間企業が資金調達して建設を行い、ある一定期間（通常25年～30年）を運営して、契約期間後に所有権を政府に移管する ・整備と運営リスクを民間へ移転 ・アジアや東欧をはじめとする新興国に多くみられる

抑制するうえでは、非航空系収入の拡大が欠かせない。両者を一括して管理運営し、利益拡大を図る意味でもコンセッションが注目を集めている。

2012年度における福岡空港の収支は、企業会計の考え方を取り入れた方法で試算すると、収入約99億円に対して支出は約135億円で、36億円余の赤字となる。投資家らが企業分析に用いる指標のひとつで、キャッシュフロー（実質的な利益水準）を表す指標である『EBITDA』（利払前税引前償却前営業利益）でみても29億円弱の赤字だ。

福岡空港では、収入の半分強を着陸料などで得る一方、支出の大半を81億円強にのぼる土地建物賃借料が占めている。田園地帯であった土地を戦時中、旧日本陸軍が飛行場を建設した際に接収し、戦後も進駐軍による再接収が行われたこともあり、空港敷地353ヘクタールのうち3分の1が民有地などの借地となっているためだ。

『上モノ』は黒字、『下モノ』は赤字の現状

日本におけるこれまでの空港整備は、国が「空港整備計画」を立てて一元的に手掛けて来た。

国内の空港は空港法などにより大きく4種類（拠点空港、地方管理空港、共用空港、その他の空港）に分類され、さらに拠点空港は「会社管理空港」（成田・関空・伊丹・中部）、「国管理空港」（羽田、福岡、新千歳、那覇など19カ所）、「特定地方管理空港」（山口宇部など5カ所）の3つに分類される。

このうち国管理空港では滑走路や駐機場などの『下モノ』を国が管理する。着陸料や空港ビルの土地使用料などは国の空港整備勘定に組み込まれ、地方管理空港を含む空港の整備事業に使われている。しかし空港の整備、維持・管理のほか、地方航空ネットワークの維持を目的とした着陸料の減免、国内航空会社の国際競争力の強化のための航空燃料税の引き下げなどで空港整備勘定の財政状況は厳しく、多くの国管理空港で下モノは赤字になっている。

一方、空港ビルなどの『上モノ』は、自治体や航空関連企業が設立した民間会社が管理運営し、その多くで収益を上げている。福岡空港では第3セクターの福岡空港ビルディングが上モノを運営しているが、福岡空港のケースを前述のEBITDAで見てみると、下モノの収支は29億円弱の赤字、上モノの収支は48億円強の黒字で、合計すると20億円弱の黒字となる計算だ。

民営化が進む世界の空港では上モノと下モノを一体的に経営しているが、日本では会社管理の4空港を除いて、黒字基調の上モノと赤字基調の下モノの経営主体が異なる。

西鉄が運営権入札に名乗り

2009年に「国土交通省成長戦略会議」が設置され、空港運営への民間活用の動きがようやく出始めた。同 省は11年7月にまとめた報告書で上モノと下モノの一体化や、民間への運営委託（コンセッション）などを柱にした方向性を打ち出した。

2013年7月25日に施行された『民活空港運営法』で下モノの民間委託が可能となり、施行にあたって太田昭宏・国交大臣は小川洋・福岡県知事に福岡空港の民間委託を地元で検討するように要請した。これを受けて県は福岡市とともに、有識者など12人で構成される『福岡空港運営検討協議会』を10月に発足させ、同協議会は14年10月に報告書をとりまとめた。

この中で、航空系事業と非航空系事業の経営一体化に

新装なった福岡空港の駐機場の俯瞰イメージ図
（画像提供：福岡空港ビルディング）

外観東側から見た新しい国内線旅客ターミナルビル
（画像提供：福岡空港ビルディング）

地下階から地上階へ直通するエスカレーター＆エレベーターのイメージ図（画像提供：福岡空港ビルディング）

到着フロアーの３階通路（上）と出発口がある２階フロアー（下）（画像提供：福岡空港ビルディング）

よる効果として「路線誘致の一体性」「空港利用料金の柔軟な設定、発着枠の効率化、高度利用」「北九州空港との補完の促進」が示され、民間のノウハウを導入することでコスト削減や収益増などによる利用者サービスの向上が期待できるとした。この報告書をもとに、小川県知事と高島宗一郎市長は11月、運営民間委託についてそれぞれ同意の意向を示し、国にその意を伝えた。

この後の動きについて、大手経済紙は、国交省が２０１５年度に空港ビルの資産評価を開始し、17年春以降に入札で受託事業者を決め、19年４月にも運営権を事業者に引き渡す予定だ。運営権の売却益は、約１８００億円ともいわれる滑走路増設費の一部にあてられる見込みと報じている。

２０１４年12月末になって、西日本鉄道がグループで福岡空港の運営権入札に参加する方針を固めた。また入札を検討しているＪＲ九州も西鉄との連携を示唆した報道などもあり、地元企業による福岡空港運営に向けた動きが出始めている。

福岡空港の運営が民営化され、民間ノウハウが注入されることで空港の利便性や独自性が強化され、さらなる人流の活性化が期待される。空港・博多駅・博多港・高速道路などの交通拠点は半径5キロ以内に納まる交通拠点としての条件を満たす福岡市。それぞれの拠点間の移動をさらに容易にし、一つの大きな交通拠点が形成された時、九州の玄関口としての機能はさらに飛躍するだろう。

【陸の玄関口・博多駅の「いま」と「これから」】

全線開業から3年、利用者は順調な伸び

２０１４年３月に全線開業から3年を迎えた九州新幹線・鹿児島ルート。全線開業によって、博多～鹿児島中央が最速2時間12分から1時間17分に、博多～熊本は1時間13分から33分に短縮された。直通運転が開始された新大阪～鹿児島中央は5時間2分から3時間42分と大幅に短縮されている。

九州運輸局が２０１４年３月に発表した「九州新幹線・鹿児島ルート全線開業3年間のまとめについて」によると、九州新幹線の輸送人員は全線開業初年度の11年度が１１９５万人、12年度が１２０９万人と伸び、13年度も前年を上回る１２５８万人となった。博多～熊本の年間利用者は全線開業前の10年度が６５２万人だったものが、11年度は８９６万人、12年度は９０９万人で、14年度も前年を上回るペースで推移している。

居住地区別の各駅利用状況について全線開業前の２０１０年３月と13年３月を比べると、鹿児島中央駅では九州外居住者の利用が10・2％から20・5％に倍増。福岡県居住者の利用も20・9％から22・2％に伸びている。熊本駅でも九州外居住者が25・0％から29・7％に、福岡県居住者が19・1％から22・0％に伸びている。

全線開業により、福岡から鹿児島、熊本への移動に加えて、関西など九州以外から新幹線を使っての流入も増えていることが分かる。

駅周辺部への波及効果も

九州新幹線開通にあわせて作られた新駅は開業当初は利用者が伸び悩み、新幹線開通に伴う在来線特急や普通電車の減少、利用料金の上昇など、地元利用者にからの不満も寄せられた。

そうした中で筑後船小屋駅のある筑後市では、プロ野球・ソフトバンクホークスが公募した2軍本拠地の誘致に乗り出し、球場などの施設用地として筑後船小屋駅そば

福岡空港の全景（画像提供：福岡市）

滑走路１本で年間17万回余りの発着回数をこなす

過密状態が続く福岡空港の運行状況

国際線旅客ターミナル内の風景（画像提供：福岡市）

の敷地を準備した。同駅から博多まで24分という好アクセスが評価され、２０１３年12月に本拠地移転候補に決定、14年３月に基本協定を締結した。今年１月に着工、16年からの運用が予定されており、利用者の増加が期待される。

九州新幹線と長崎本線の接続駅となる新鳥栖駅では２０１３年５月、駅のすぐ前に最先端のがん治療施設「九州国際重粒子線がん治療センター」が開業した。駅前駐車場の利用状況も好調で、12年の駅収入の伸び率21％は九州新幹線停車駅で最も高かった。14年３月のダイヤ改正で「さくら」がすべて停車するようになったほか、九州内の高速道路が交差する鳥栖ＪＣＴまで約10分の位置にあり、九州観光などの結節点としての機能向上が期待される。

全線開業によってコンベンションが増加した沿線都市では、ＭＩＣＥへの取り組みを強化する動きも見られる。熊本市は２０１０年10月、行政・大学・民間企業など68団体で構成する「くまもとＭＩＣＥ誘致推進機構」を設立、ＭＩＣＥ誘致の取り組みをスタートさせた。12年６月には市内で１万人規模の学会が開催され、幸山政史市長（当時）は「福岡と連携して誘致効果を高めることが可能」

との認識を示した。再開発が進む中心部・桜町地区では、中核施設としてMICE関連施設を整備する予定だ。

福岡県久留米市でも、2015年度の開館を目指して久留米シティプラザを建設している。

地下鉄七隈線の延伸工事始まる

九州新幹線全線開業と駅ビルの新設で博多駅の整備事業はひと息ついたが、次の動きとして注目されているのが福岡市営地下鉄七隈線の乗り入れだ。

2005年2月に橋本～天神南で開業した七隈線の延伸については、「天神南～ウォーターフロント」「薬院～博多駅」「天神南～博多駅」の3ルートが候補に挙げられてきた。建設費のほか、需要予測に基づいた事業採算性、費用対効果、市民アンケート調査などを総合的に判断した結果、「天神南～博多駅」ルートの延伸が決定した。

天神南駅から国体道路に沿って進み、キャナルシティ博多周辺に設けられる中間駅を経て、博多駅博多口の駅前広場付近に達する約1・4キロにわたって地下軌道を新設する。直接乗り入れはしないため、空港線博多駅への乗り継ぎには一度下車して乗り換えが必要となる。

2012年6月には国土交通大臣より延伸区間の鉄道経営を行うために必要となる「鉄道事業許可」を、13年4月には延伸区間の土木構造物に関する「工事施行認可」を受けた。14年3月までに全区間で工事契約を締結しており、現在は本体工事に向けた準備工事や埋蔵文化財発掘調査が進められている。開業は2020年度の予定だ。

【海の玄関口・博多港の「いま」と「これから」】

旅客、物流とも伸び続ける博多港

九州・福岡の「海の玄関口」である博多港。「中央ふ頭」にある博多港国際ターミナルを拠点に韓国・釜山への定期旅客航路を持つ博多港の外国航路船舶乗降人員数は、2014年には約86万6000人（概況速報値）となり、過去最高となった10年の約87万3000人に迫る数字となった。

13年は円安などの影響で63万3000人となったものの、外国航路船舶の乗降人員数は14年まで22年連続日本一になる見込みだ。このうち博多―釜山の定期航路の年

九州新幹線のN700系7000番台車両（画像提供：福岡市）

博多駅ビルの全容（画像提供：福岡市）

上）東側からみた筑後船小屋駅、下）ホークスファーム本拠地は筑後船小屋駅西側に建設予定（画像提供：筑後市）

福岡市営地下鉄七隈線で使用されているの3000系車両（画像提供：福岡市）

間利用者が半数以上を占めており、国際定期旅客数でも国内トップとなっている。

昨今、注目を集める海外からの大型クルーズ船だが、博多港への寄港数は2010年と12年に日本一となった。14年は中国人観光客を中心に約21万人（概況速報値）のクルーズ客が福岡を訪れてショッピングや飲食を楽しむなど、福岡への経済効果は大きい。このことから、クルーズ受入環境の向上を図るため中央ふ頭にクルーズセンターの整備を進めており，今春供用予定だ。

こうした人流の活性化に加えて博多港で注目されるのは、コンテナ取扱量の増加だ。2014年のコンテナ数は約91万個（概況速報値1個＝20フィートコンテナに換算）で、10年前の1・5倍となった。中国やアジアからの生活物資がコンテナで輸送されてきていることや博多港におけるコンテナターミナル整備の進展が背景にある。

博多港は北米西岸航路に加えて、上海・香港などの中国航路のほか東アジア向け航路が多い。上海や釜山など周辺の巨大ハブ港湾と比べて、ターミナル規模の小さい博多港では、従来のコンテナ物流に独自のサービスを付加してきた。

博多港は福岡空港、JR貨物福岡ターミナル、さらに高速自動車道インターチェンジなどの物流拠点が半径5キロ圏内にある。コンテナ航路の他に、韓国・釜山への貨客フェリー、中国・上海への高速RORO船、14年6月からは台湾・高尾へのRORO船も就航しており、鉄道、トラック、内航フェリー、航空貨物との接続による一貫輸送サービスが提供可能だ。博多港はこうした多様な輸送モードを生かして、東アジア・世界と日本国内を結ぶ国際複合一貫物流ネットワークを強みとした「東アジアのマルチ・クロス・ポート」戦略を打ち出している。

港と街の一体化へ求められる交通網整備

博多港は成長を続ける東アジアに近く、地震などの災害に強い地理的条件を備えている。また博多駅や福岡空港にも近く荷物を集積しやすい強みもある。背後には天神をはじめとする商業地や少し足を伸ばせば観光地や温泉も広がる。こうした大きなポテンシャルがありながら、交通インフラ整備や港湾施設の対応などが追いついていないのが現状だ。

市民や街との結び付きを深めていくことも必要だろう。博多港の経済効果は福岡市内総生産額の約3割を占めるにも関わらず、市民にその実感は乏しい。古くから港まちとして栄えてきた横浜、長崎、神戸などに比べ、博多港は市民から心理的に遠いものとなっている。

特に重要なのが都心との交通アクセスだ。神戸のポートアイランドと六甲アイランドでは、ポートライナー、六甲ライナーが都心とを結ぶ。横浜の『みなとみらい21』では横浜高速鉄道・みなとみらい線が地下鉄として乗り入れ、『東京臨海副都心』ではゆりかもめに加えて、東京臨海高速鉄道・りんかい線が走る。

これに対してシーサイドももちやアイランドシティは自動車専用道路や一般道路に依存するなど、都市交通が脆弱な面は否めない。こうした部分を補完していく上で博多湾を活用した海上交通の整備も検討されてよいだろう。例えば海上バスは、平日は通勤・通学などの生活路線、週末は海のレジャー・観光路線としての活用が期待できる。

臨海部と都心との交通アクセスを高めることは、都心のビジネス・交流機能を高め、臨海部の価値向上にもつながる。BRT（バス優先交通）に移行し、LRT（軽量軌道交通）で需要を見ながら、《海を生かした》交通インフラ整備などで、ウォーターフロントの再整備が期待される。

国際複合一貫物流業務『マルチ・クロス・サービス』の概念図

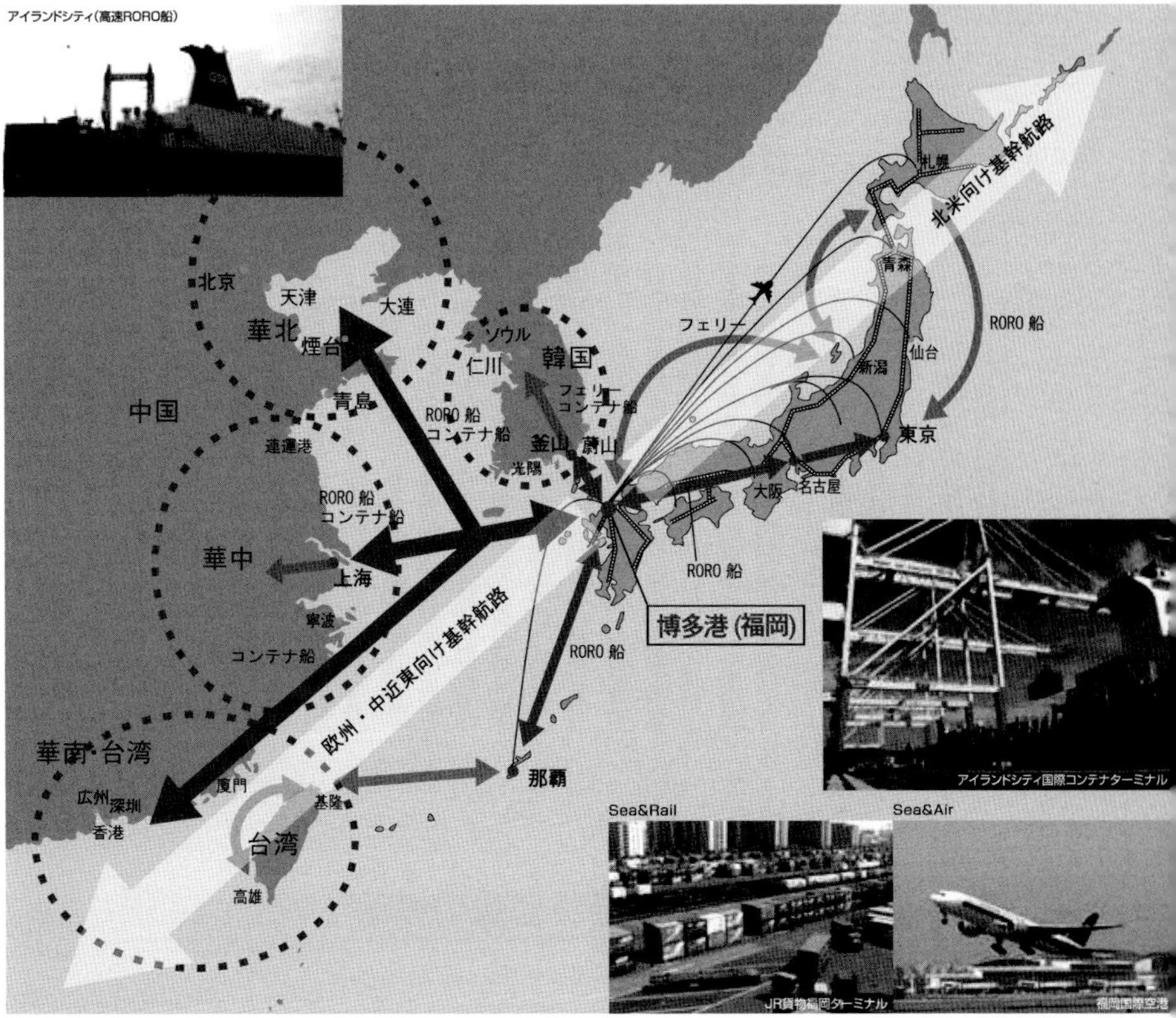

陸海空の交通拠点が半径5km圏内にある福岡

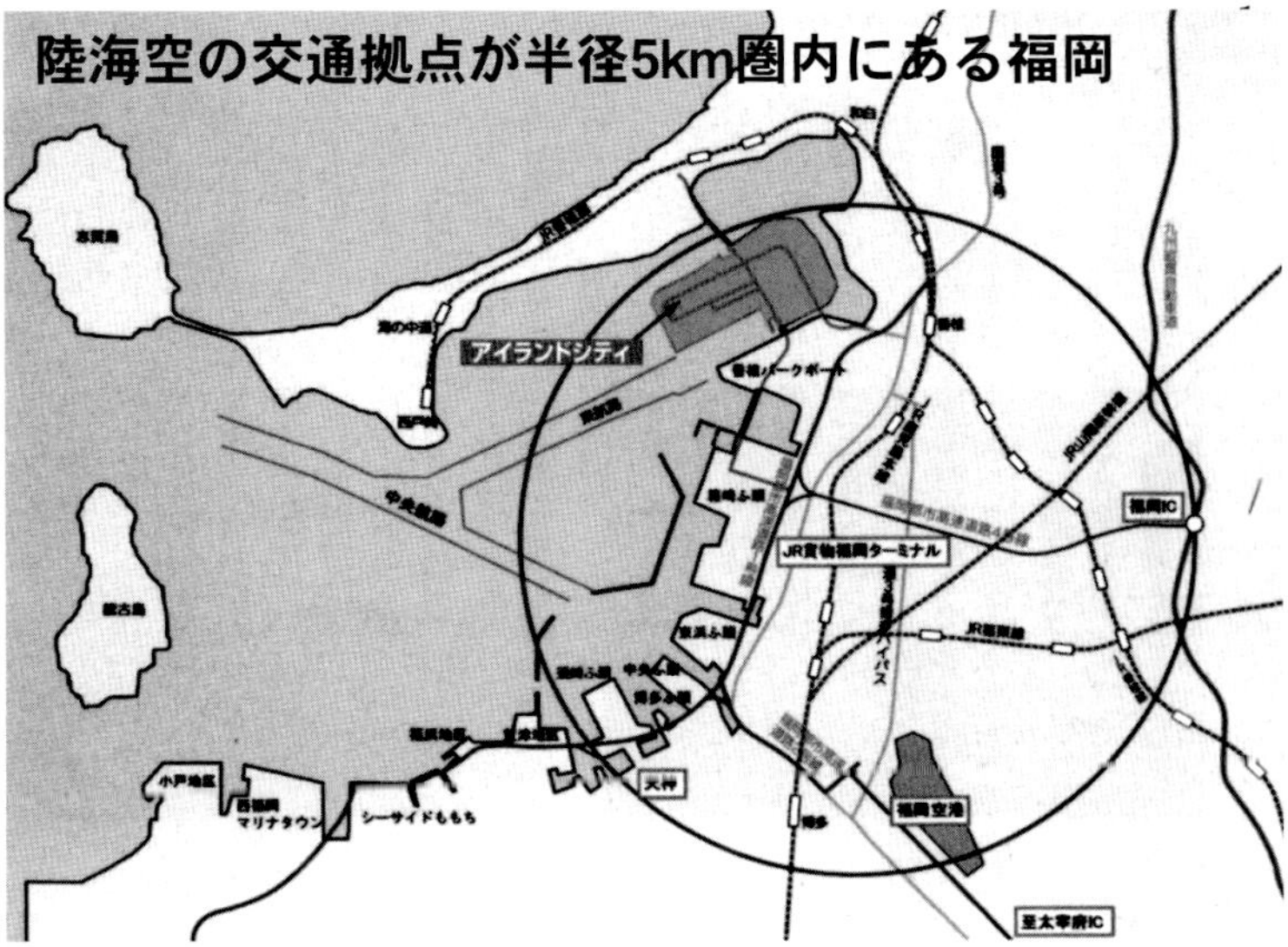

福岡空港 旅客数の推移

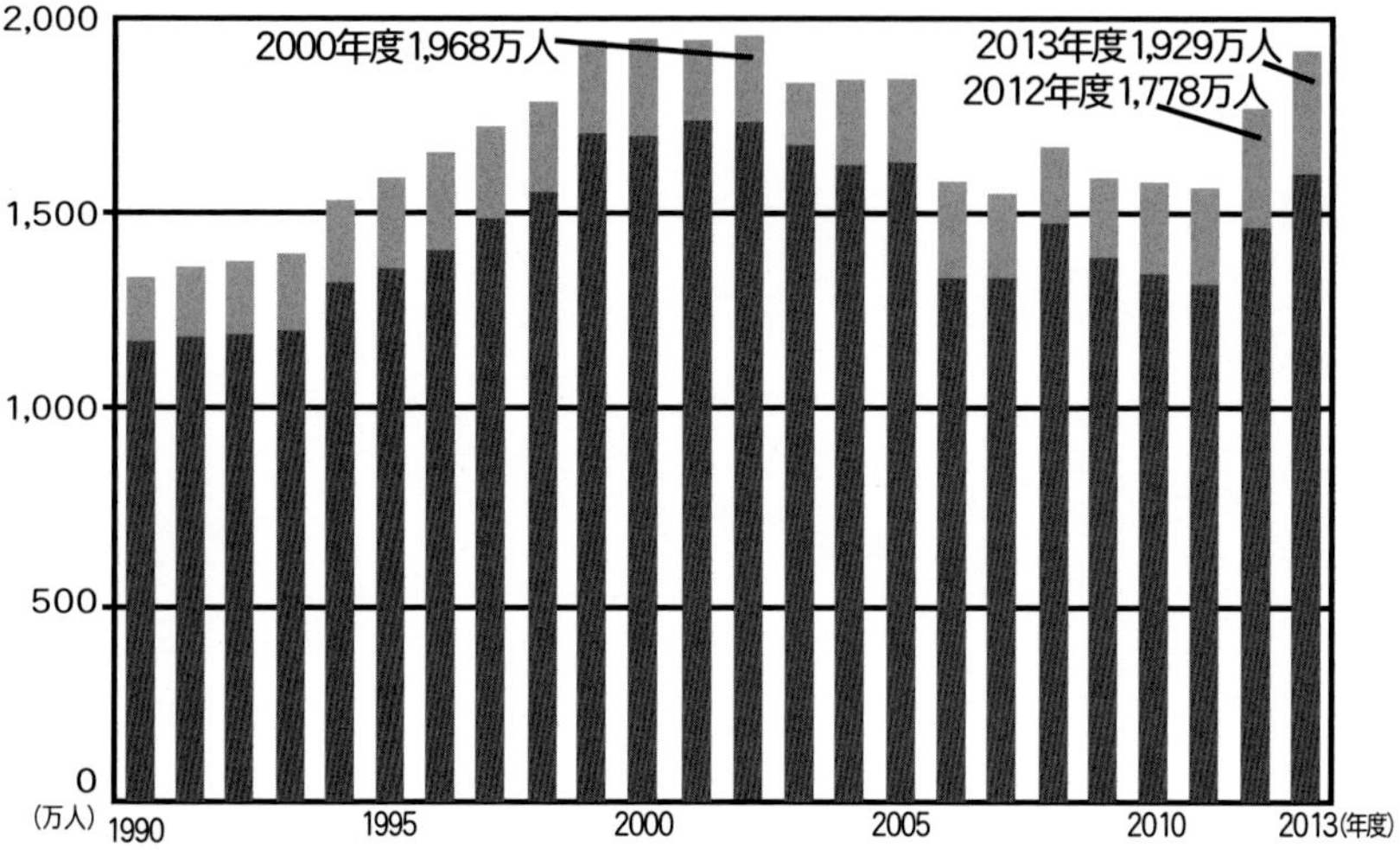

（出典：九州地方整備局『福岡空港の能力向上方策について』　出所：国土交通省『空港管理状況調書』）

福岡空港 発着回数の推移

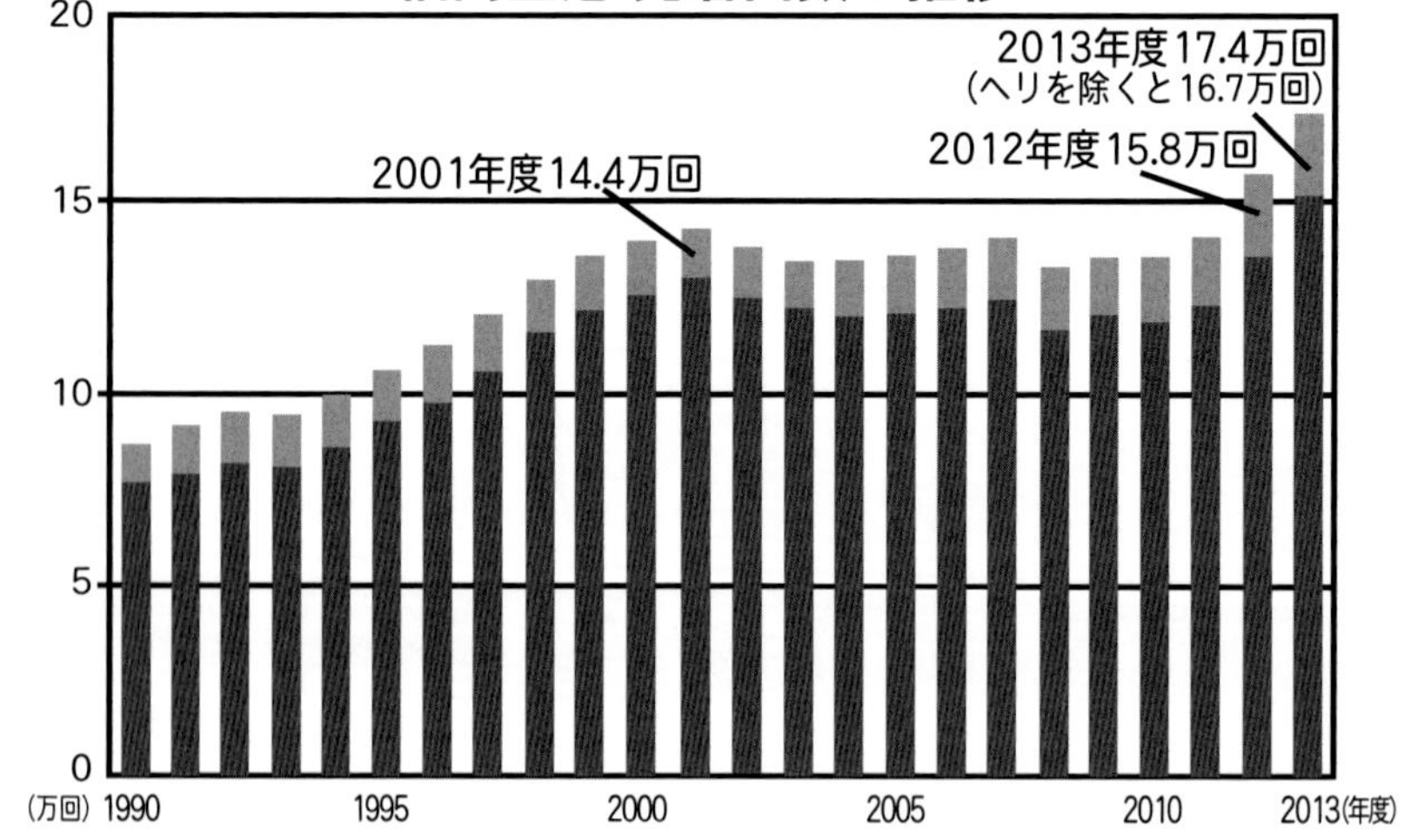

（出典：九州地方整備局『福岡空港の能力向上方策について』　出所：国土交通省『空港管理状況調書』）

FRF56-12

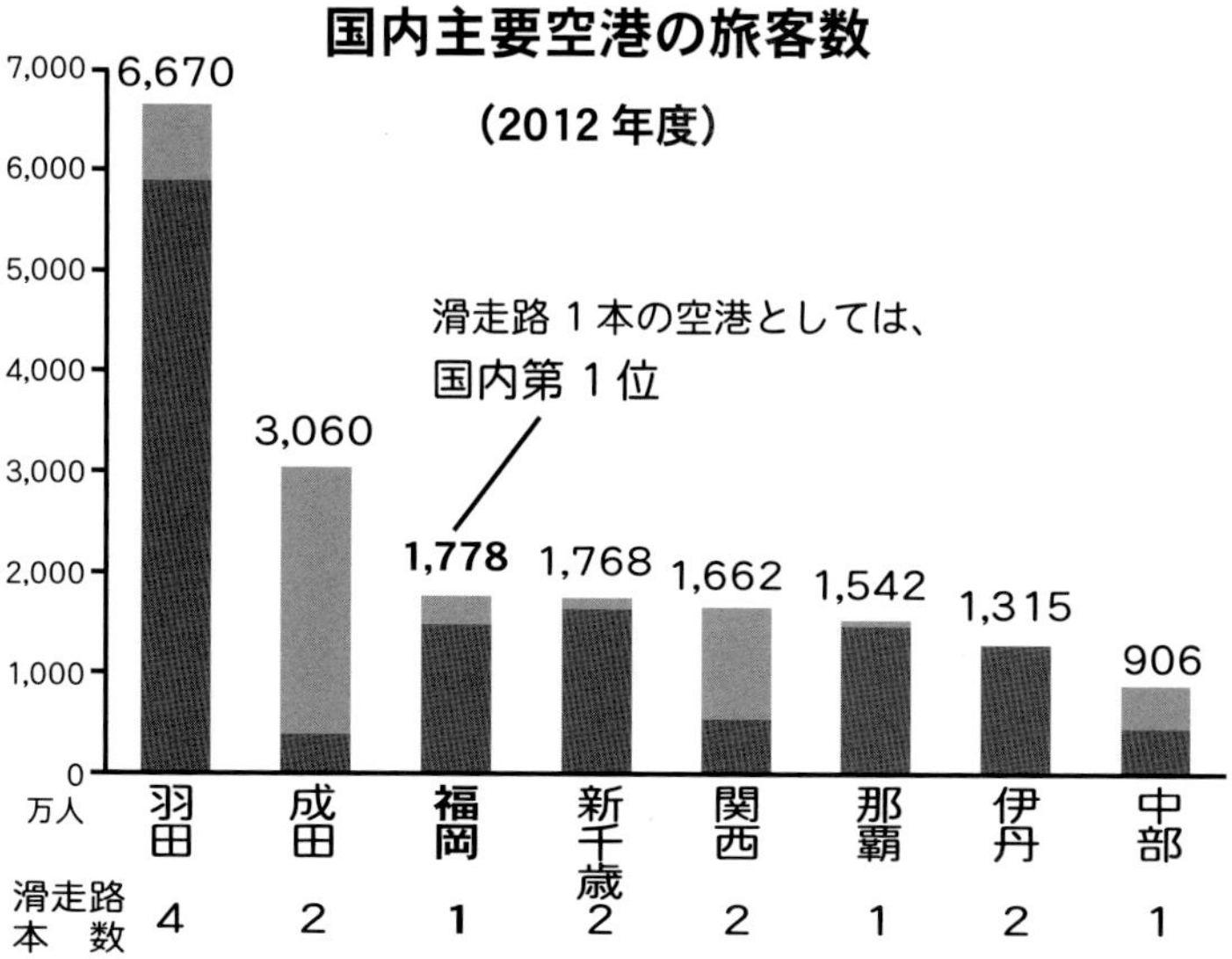

(出典:九州地方整備局『福岡空港の能力向上方策について』 出所:国土交通省『空港管理状況調書』)

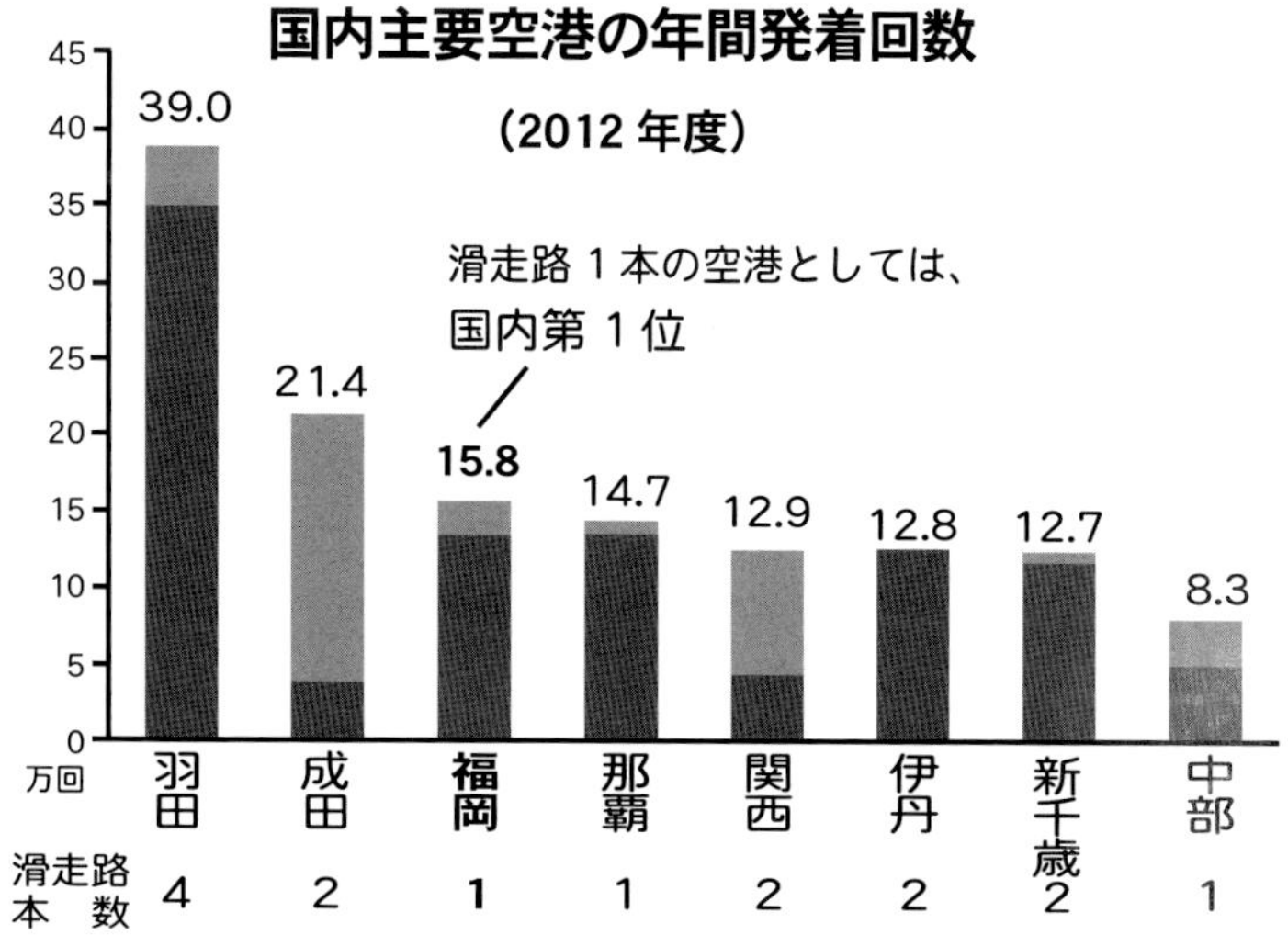

(出典:九州地方整備局『福岡空港の能力向上方策について』 出所:国土交通省『空港管理状況調書』)

FRF56-12

福岡空港の国内線・国際線の就航状況 (2014年12月時点)

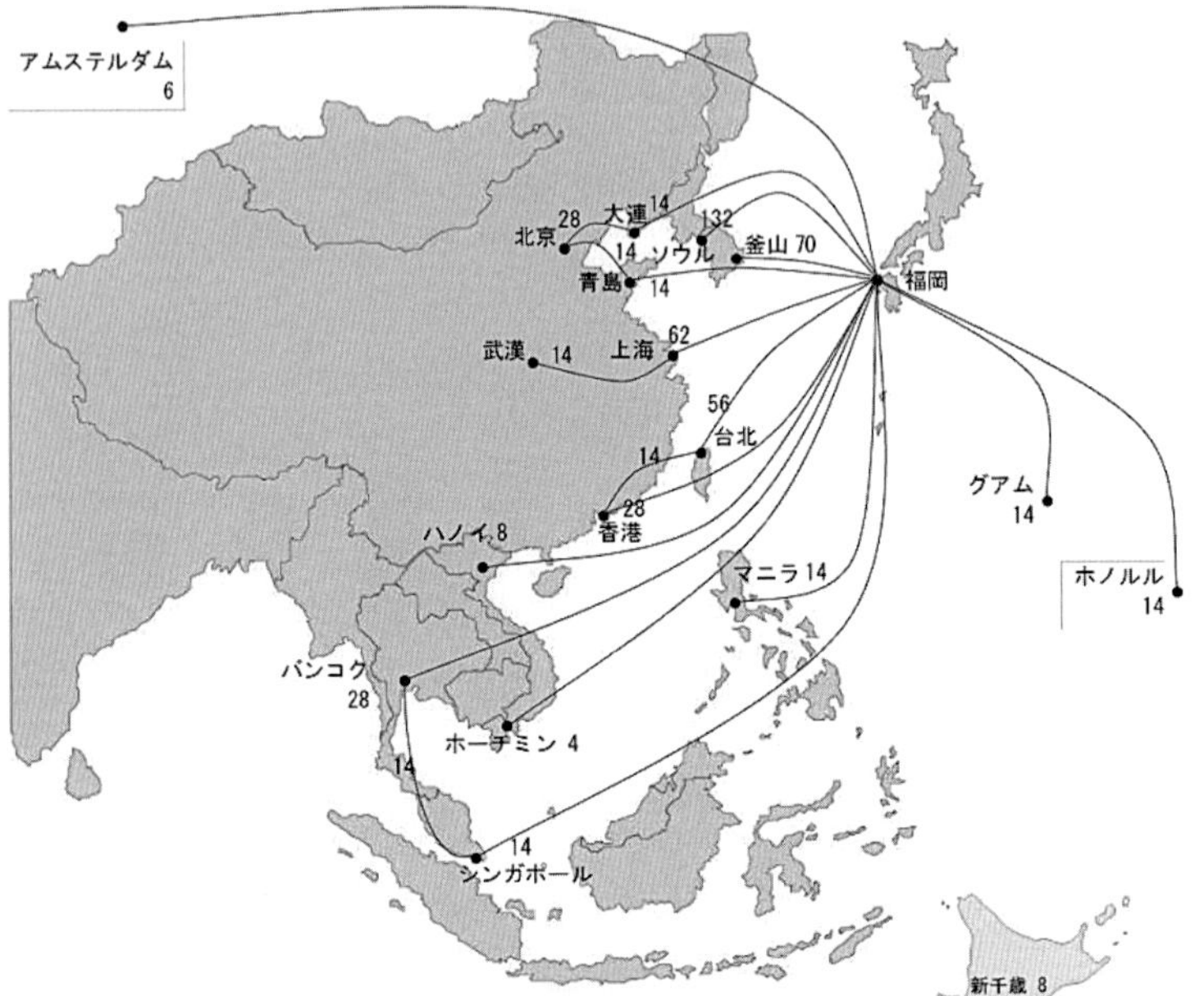

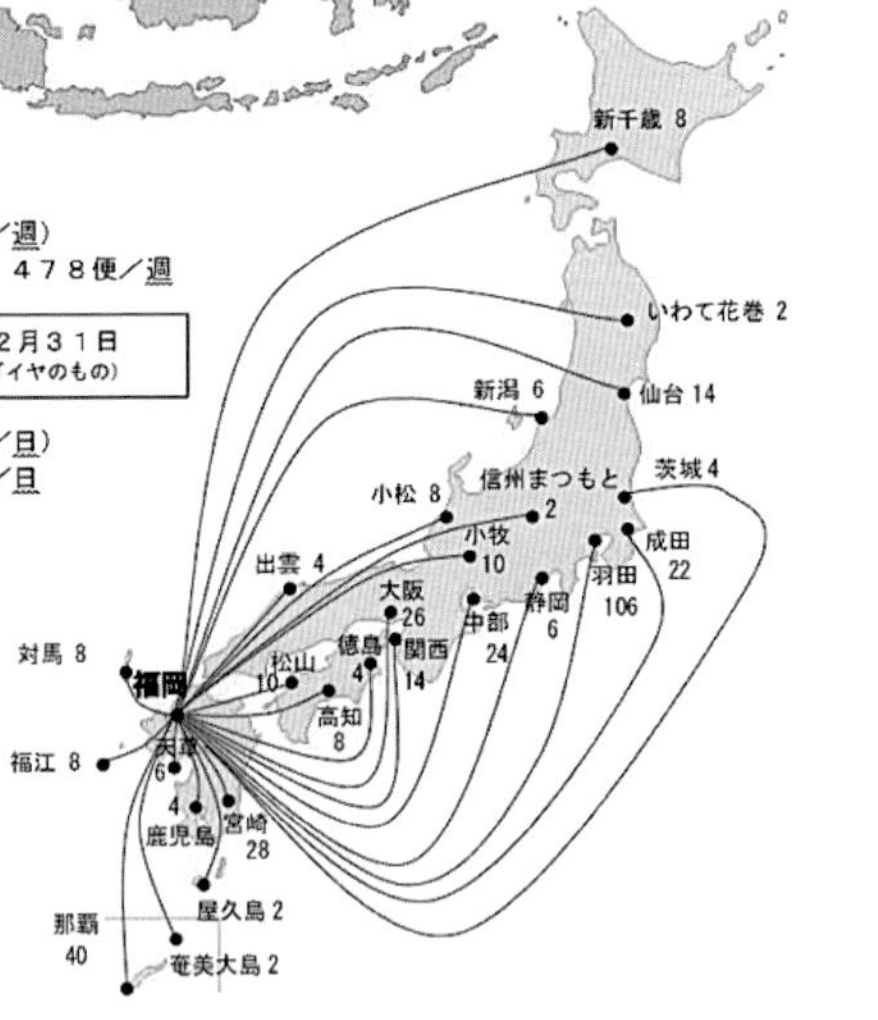

福岡空港の国際路線図（数字は便数／週）
９カ国・地域、１７都市・１８路線、４７８便／週

平成２６年１２月１日～平成２６年１２月３１日
※片道１便でカウント（便数については１２月ダイヤのもの）

福岡空港の国内路線図（数字は便数／日）
２１都道府県、２６路線、３７６便／日

福岡空港の現状

設置管理者	国土交通大臣
標　　高	9.1メートル
面　　積	353ヘクタール
滑 走 路	2,800メートル×60メートル(1本)
エプロン	46スポット(東側:国内線34、西側:国際線12)
運用時間	24時間
利用時間	15時間(7時00分～22時00分)

出所）福岡県空港計画課ホームページ

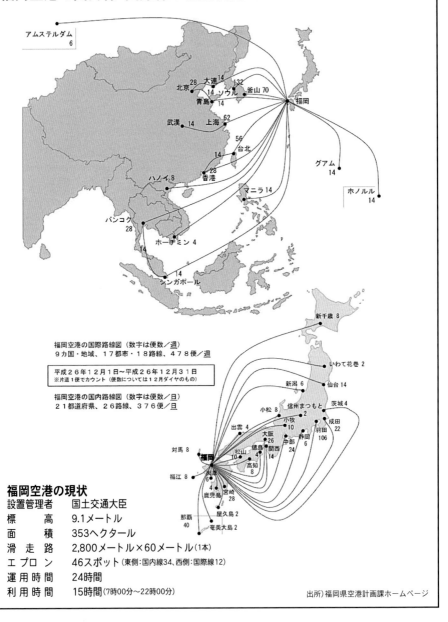

福岡空港の航空系事業収支(2012年度)

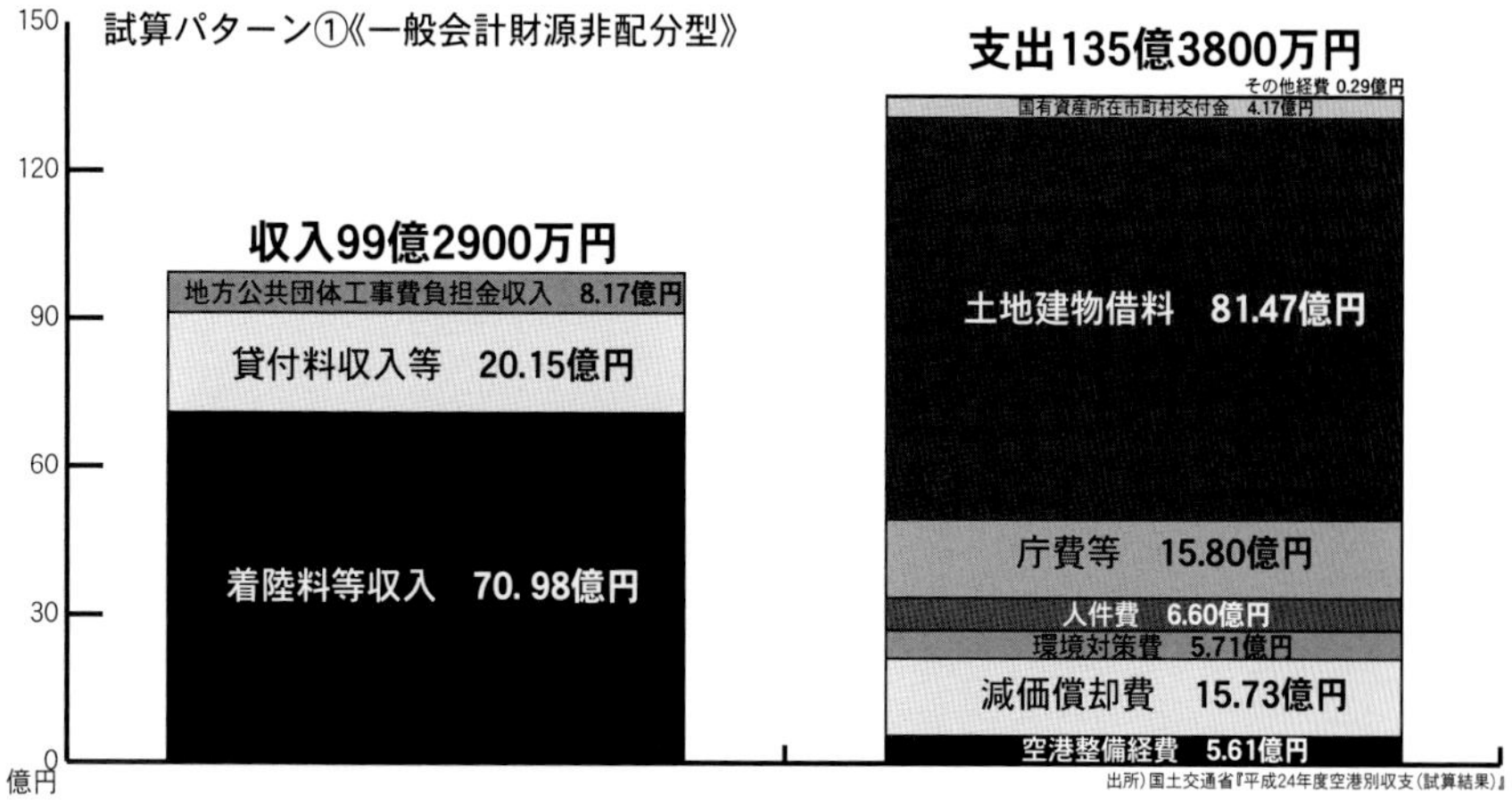

出所)国土交通省『平成24年度空港別収支(試算結果)』

2012年度における福岡空港別収支(試算結果)

出所)国土交通省『平成24年度空港別収支(試算結果)』

科目		試算パターン① 一般会計財源非配分型	試算パターン② 一般会計財源 (航空機燃料税財源)配分型	試算パターン③ 一般会計財源配分型	試算パターン④ 一般会計財源非配分かつ空港整備関係歳出・費用除外型
営業収益		9,112	9,112	9,112	9,112
	着陸料等収入	7,098	7,098	7,098	7,098
	貸付料収入等	2,015	2,015	2,015	2,015
営業費用		13,538	13,538	13,538	10,833
	空港整備経費	561	561	561	
	減価償却費	1,573	1,573	1,573	
	環境対策費	571	571	571	
	人件費	660	660	660	660
	庁費等	1,580	1,580	1,580	1,580
	土地建物借料	8,147	8,147	8,147	8,147
	国有資産所在市町村交付金	417	417	417	417
	その他経費	29	29	29	29
営業損益		-4,426	-4,426	-4,426	-1,721
営業外収支		817	2,304	3,837	0
	受託工事納付金収入	0	0	0	0
	地方公共団体工事費負担金収入	817	817	817	
	一般会計受入(航空機燃料税)		1,488		
	一般会計受入			3,020	
営業外費用		0	0	0	
	支払利息	0	0	0	
経常損益		3,009	-2,121	-589	-1,721

FRF56-44 FRF56-45

福岡空港における運輸状況

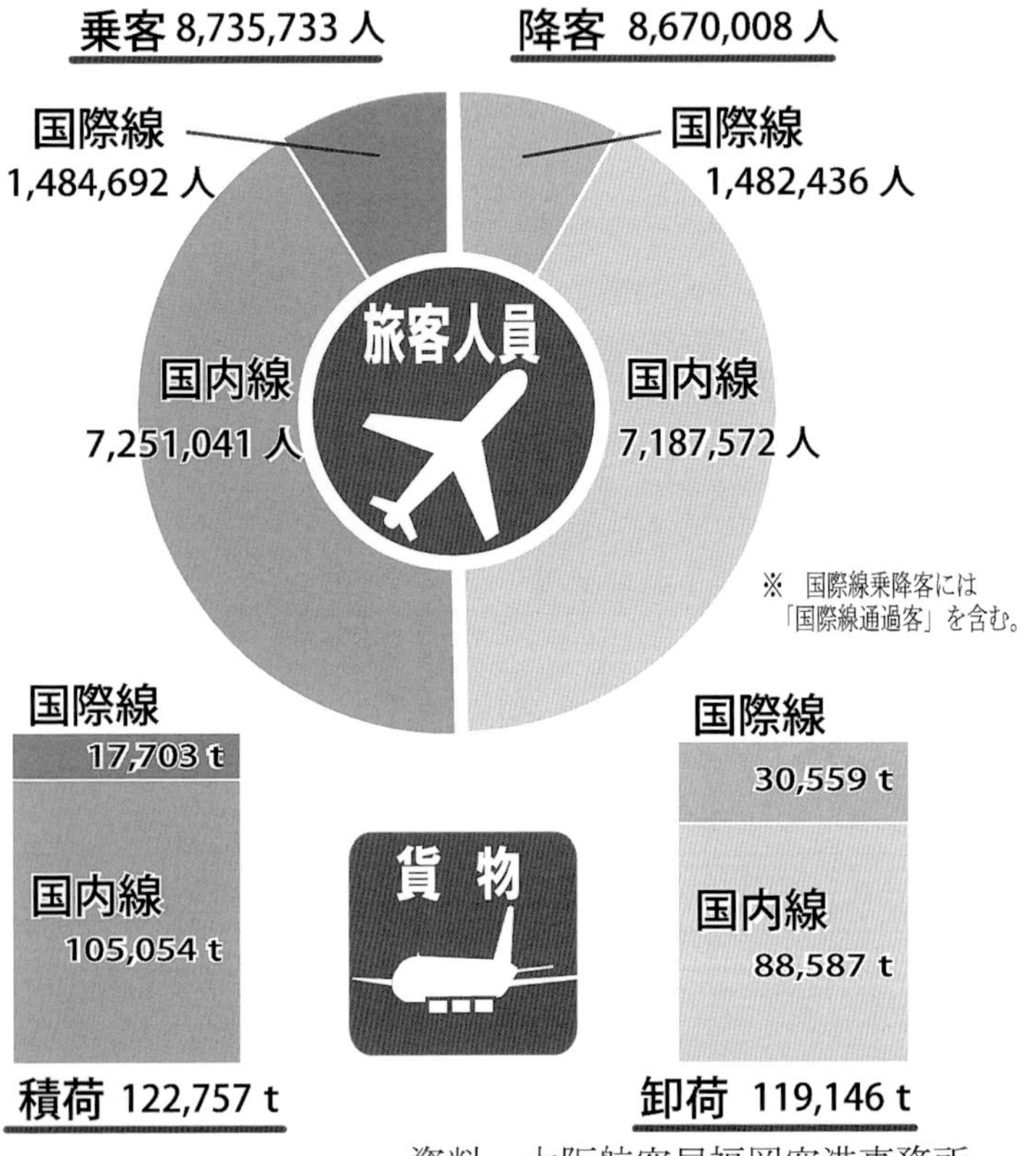

※ 国際線乗降客には
「国際線通過客」を含む。

資料：大阪航空局福岡空港事務所

福岡空港における外国貿易額の推移と国・地域別の輸出入状況

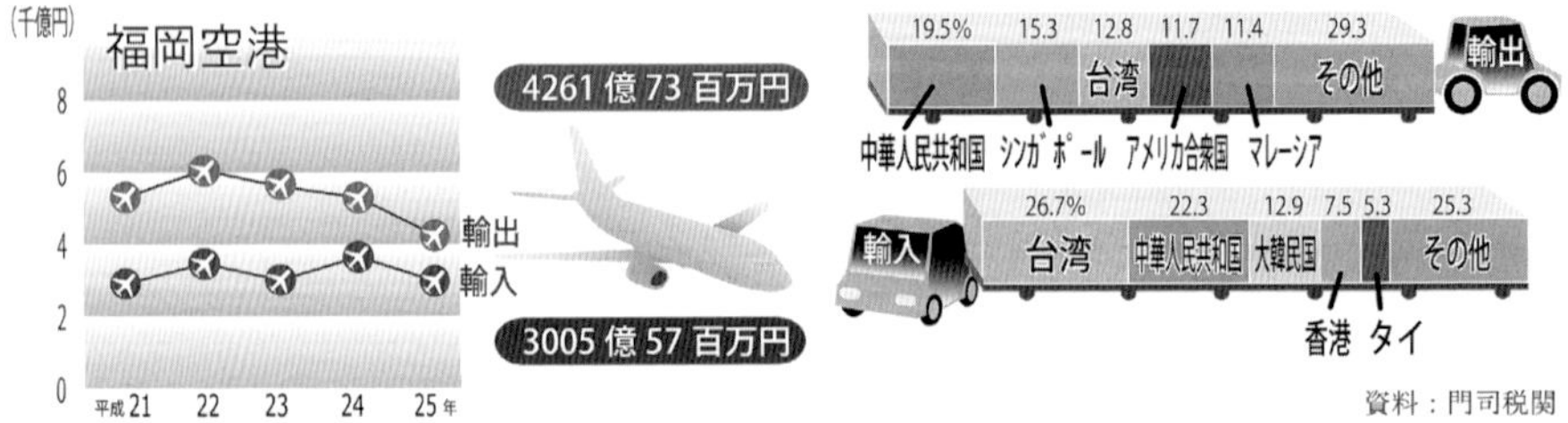

資料：門司税関

出典）『平成26年版 グラフで見る福岡市』

博多港における運輸状況

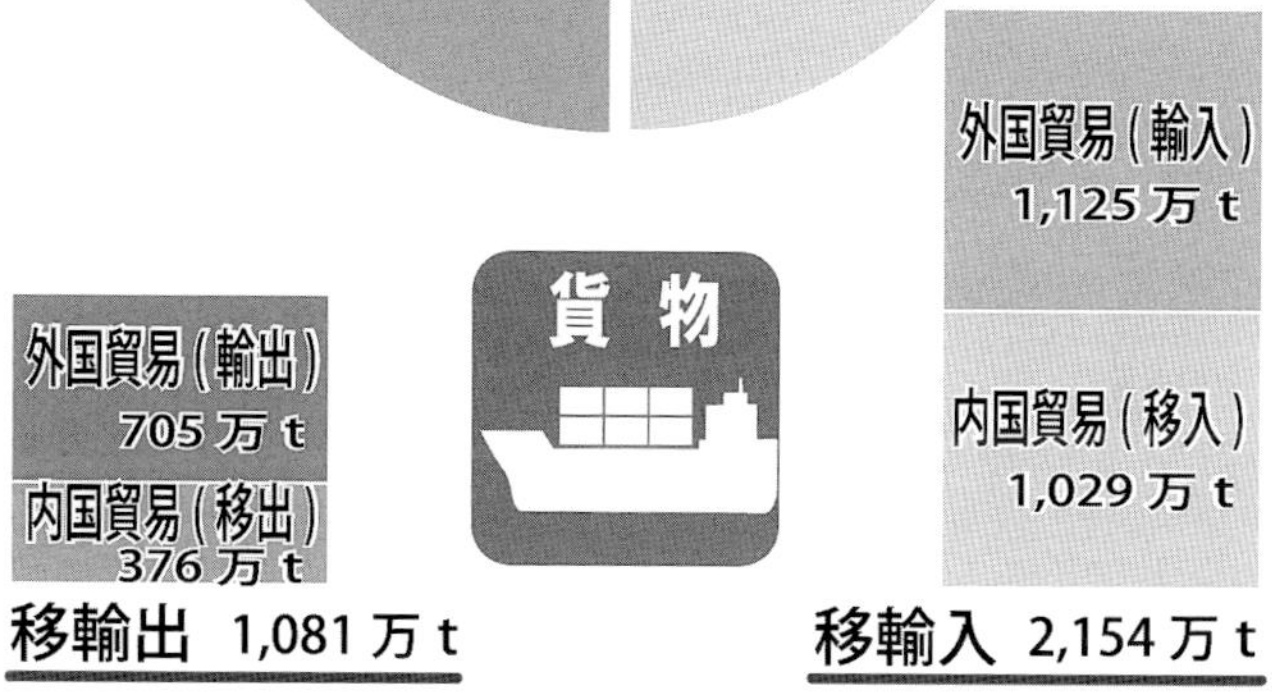

資料：港湾局

博多港における外国貿易額の推移と国・地域別

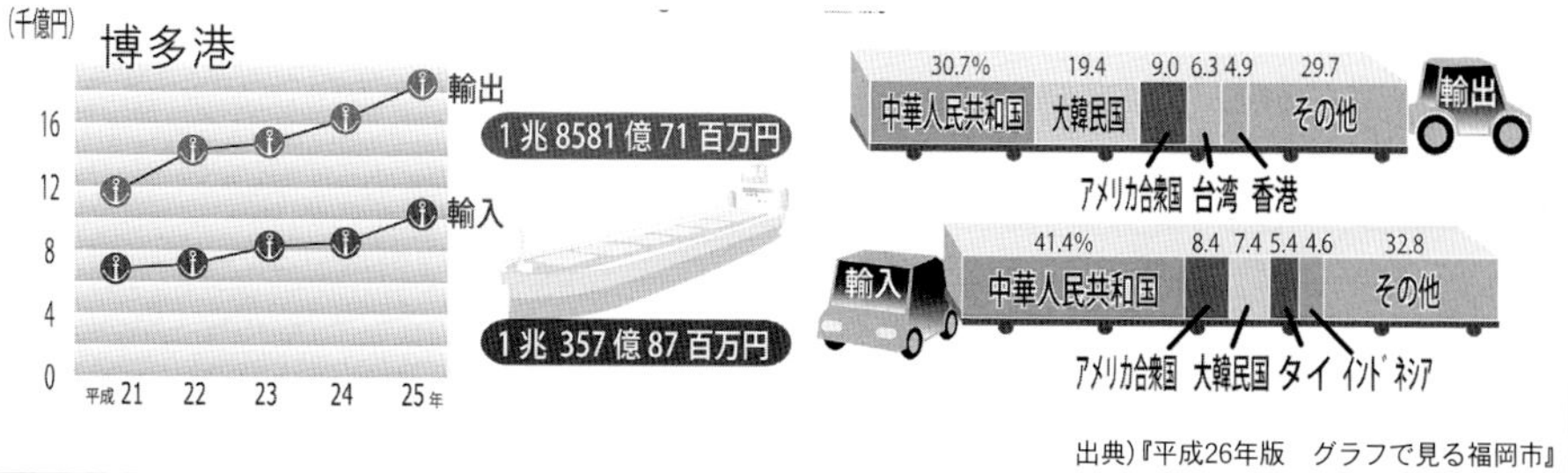

出典）『平成26年版 グラフで見る福岡市』

福岡市からの時間距離

注) 1. 2014年9月現在

2. 博多駅を平日8:00に出発し、各市の中心駅または市役所に到着するまでの時間(単位:分)を算出(除乗換時間)

3. 公共交通機関または自動車を用いて最速ケースを採用

出典)『図説 九州経済2015』

FRF58-46

高速道路区間別交通量

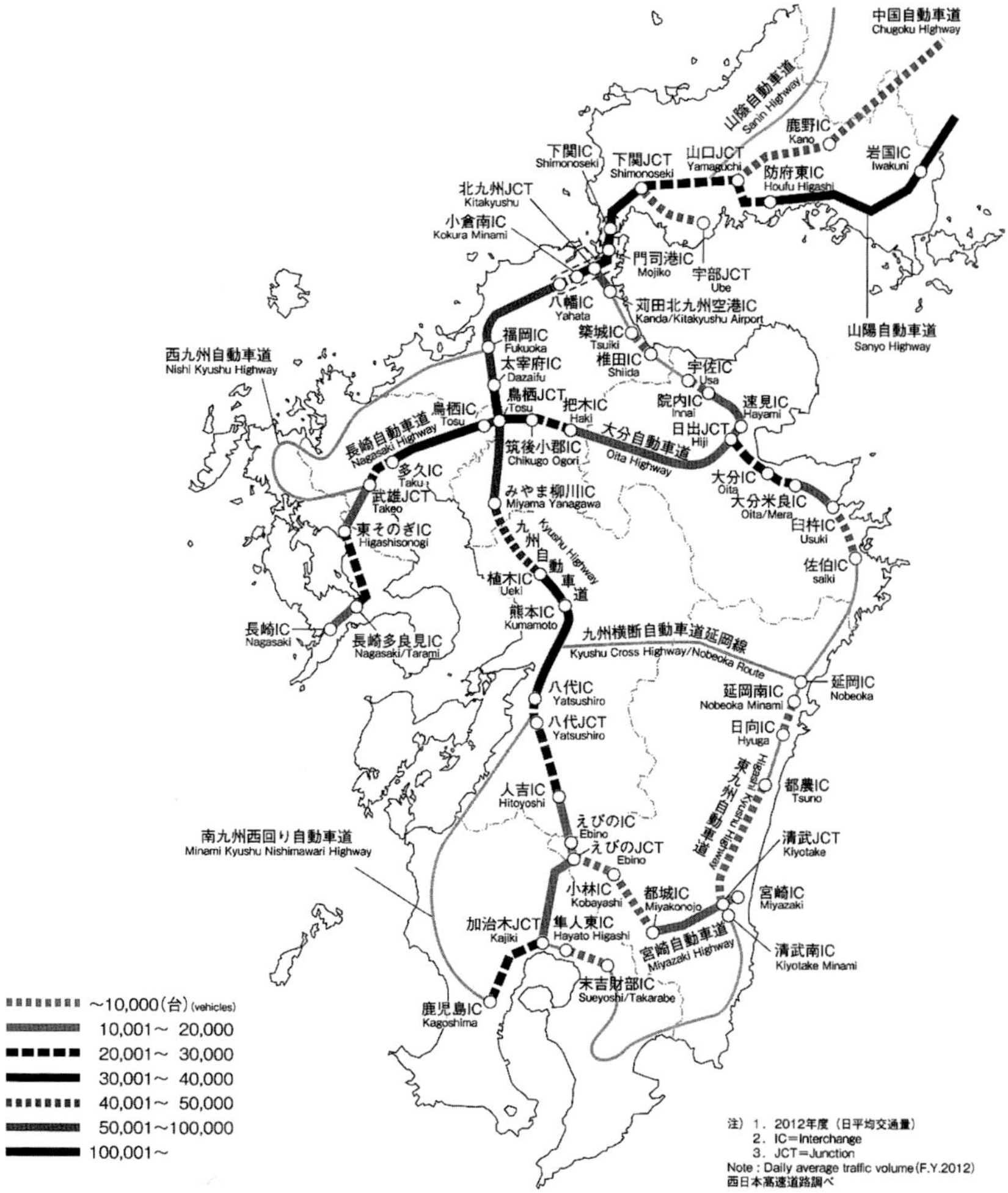

出典）『図説 九州経済2015』

FRF56-12

空路3時間内の海外都市圏人口比較福岡市VS.東京

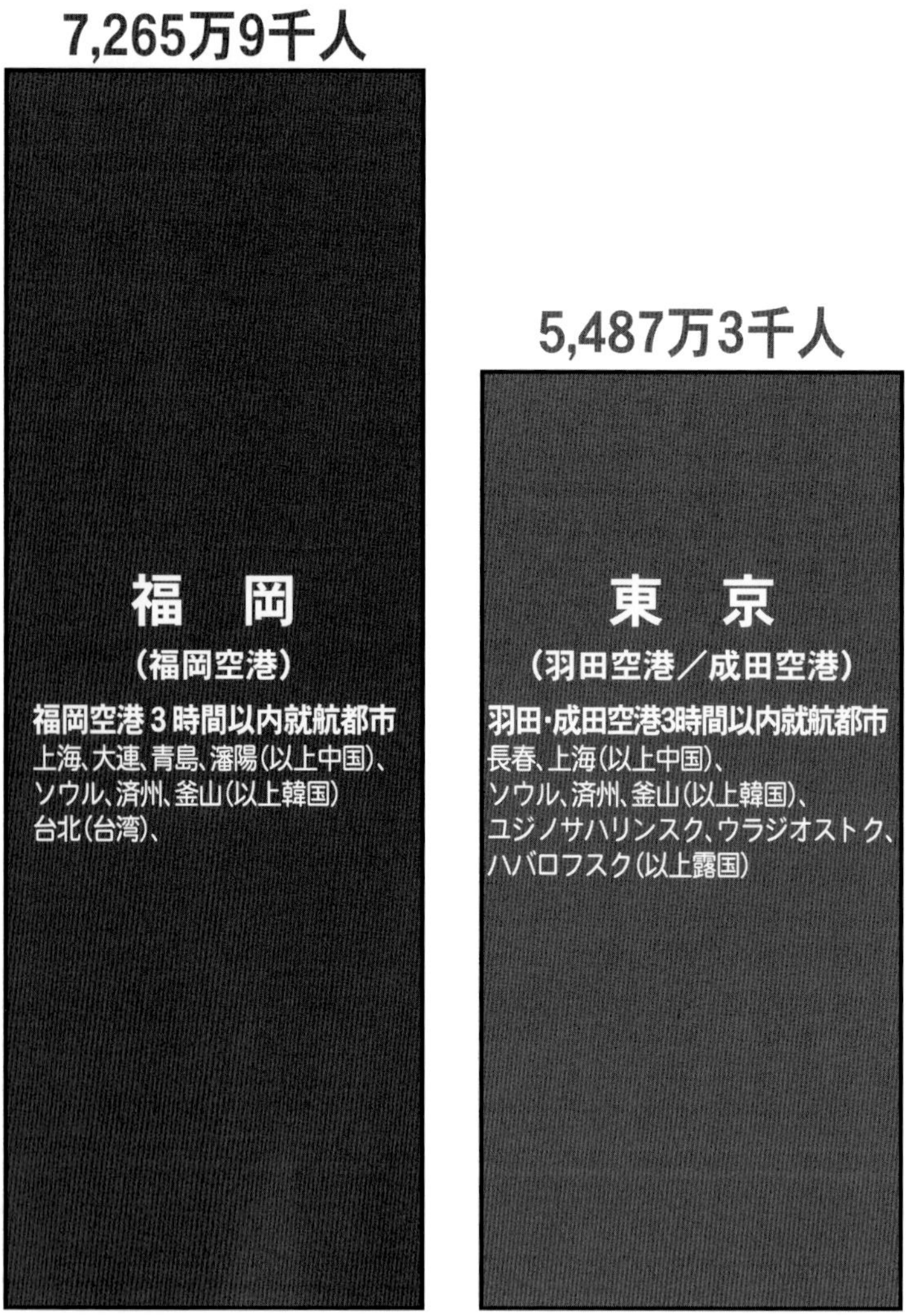

出典)福岡アジア都市経済研究所『FukuokaGrowth2014—2015GlobalCITYStatus』
出所)福岡空港ビルディング、成田国際空港、羽田空港国際線旅客ターミナル(2014年7月)、
「Demographia」(2014年)　　*所要時間は最速便
*人口は「Demographia」(2014年)による都市圏人口、
「済州」は済州特別自治道人口(済州特別自治道統計・2013年12月)
FRF58-49

福岡市内と周辺市町村との地域間流動

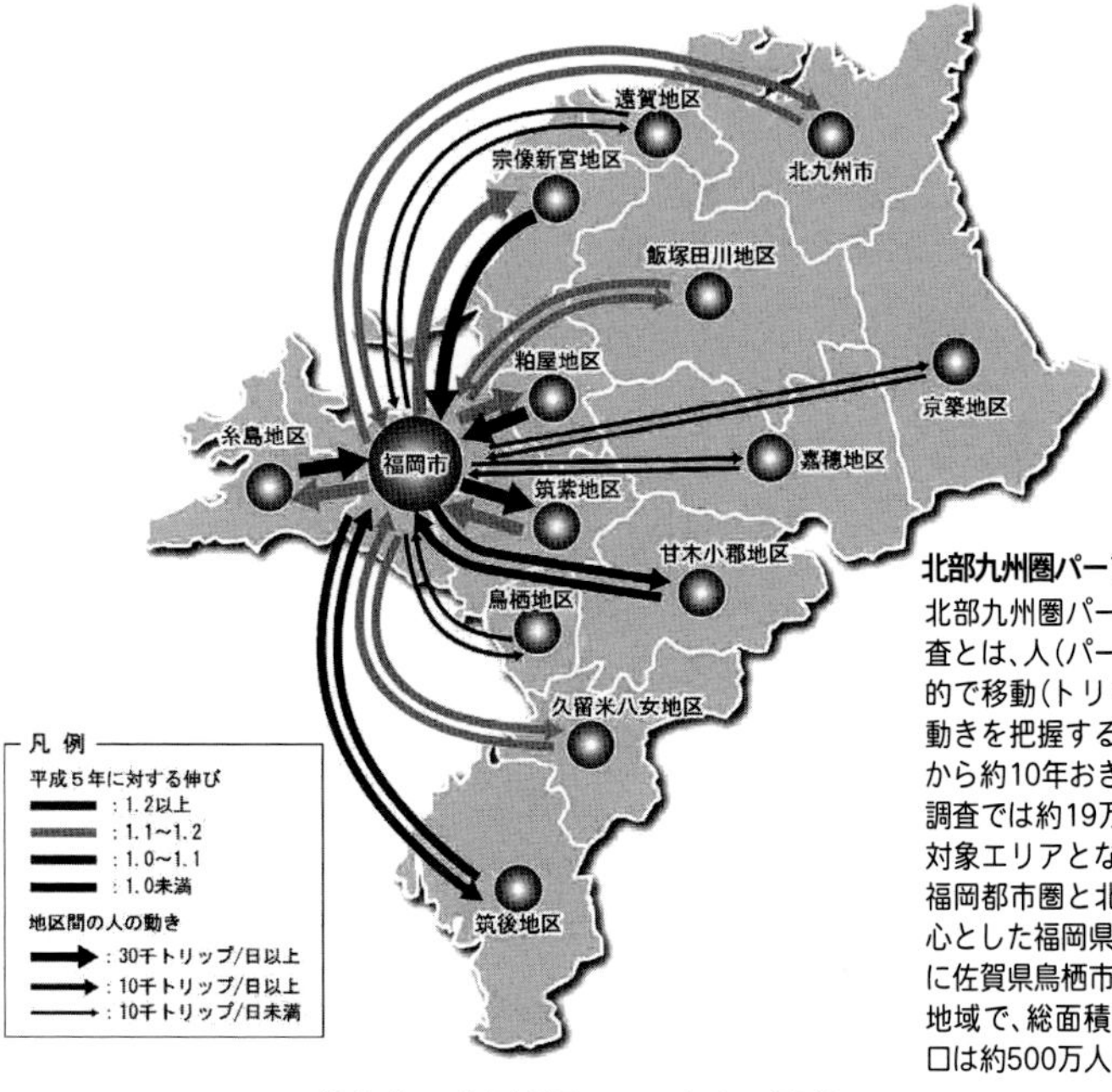

（資料：第4回北部九州圏パーソントリップ調査）

北部九州圏パーソントリップ調査

北部九州圏パーソントリップ調査とは、人（パーソン）が、ある目的で移動（トリップ）する一連の動きを把握する調査だ。1972年から約10年おきに調査し、第4回調査では約19万人を対象にした。対象エリアとなる北部九州圏は、福岡都市圏と北九州都市圏を中心とした福岡県内26市33町１村に佐賀県鳥栖市、基山町を加えた地域で、総面積は4334ha、総人口は約500万人となる。

福岡市への通勤状況

10%通勤圏				
5%通勤圏				
依存率40%以上	30%以上〜40%未満	20%以上〜30%未満	10%以上〜20%未満	5%以上〜10%未満
春日市☆ (44・8←45・3)	篠栗町☆ (36・4←36・7)	筑紫野市☆ (29・7←31・4)	小郡市 (19・1←20・6)	桂川町 (8・0←8・9)
新宮町☆ (43・3←43・2)	久山町☆ (34・7←34・4)	古賀市☆ (29・0←30・3)	宗像市☆ (18・4←21・2)	岡垣町 (7・1←7・6)
那珂川町☆ (43・2←44・8)	太宰府市☆ (33・4←36・6)	福津市☆ (25・1←28・3)	※基山町 (16・8←18・0)	飯塚市 (6・0←6・5)
志免町☆ (42・6←43・6)	宇美町☆ (31・8←31・1)		筑前町 (11・5←13・4)	久留米市 (5・7←5・9)
粕屋町☆ (42・4←42・6)	須恵町☆ (31・3←31・4)			大刀洗町 (5・7←7・3)
糸島市☆ (41・3←42・6)				宮若町 (5・3←5・7)
大野城市☆ (40・2←43・0)				※鳥栖市 (7・5←7・8)

FRF58-43　FRF58-44

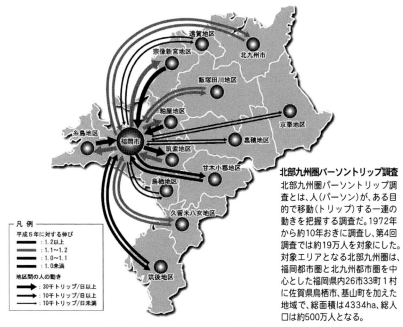

九州・沖縄におけるフードビジネスの産業規模

食料生産額：1兆6144億円（全国シェア19・42%）

出所）農林水産省『生産農業所得統計』平成21年農業算出額

食品・飲料等製造出荷額：3兆9292億円 5766事業所　従業員15万4千人

出典）九州経済同友会 九州はひとつ委員会『「フードアイランド九州」の形成に向けて』

九州・沖縄におけるフードビジネスの就業者数

項目	九州8県		全国		統計年	出典
	就業者数	構成比	就業者数	構成比		
就業者数合計	676万8946人	100.0	6150万5973人	100.0	2005年	国勢調査
フードビジネス就業者数	151万4515人	22.4	1150万5237人	18.7		
農林水産業	53万8527人	8.0	296万5791人	4.8	2005年	国勢調査
食料品製造業	14万6971人	2.2	110万4292人	1.8	2005年	工業統計表
化学肥料製造業	775人	0.0	7292人	0.0	2006年	事業所・企業統計
農業用機械製造業	1771人	0.0	3万8508人	0.1	2006年	事業所・企業統計
飲料・たばこ・飼料製造業	1万9723人	0.3	10万3010人	0.2	2005年	工業統計表
飲食料品卸売業	11万6151人	1.7	88万7159人	1.4	2004年	商業統計表
飲食料品小売業	36万6901人	5.4	315万1037人	5.1	2004年	商業統計表
農耕用品小売業	1万0609人	0.2	7万0336人	0.1	2006年	事業所・企業統計
一般飲食店	26万0712人	3.9	287万0766人	4.7	2006年	事業所・企業統計
農林水産金融業	1693人	0.0	1万5870人	0.0	2006年	事業所・企業統計
農林水産業協同組合	5万0682人	0.7	29万1176人	0.5	2006年	事業所・企業統計

出典）九州経済同友会 九州はひとつ委員会『「フードアイランド九州」の形成に向けて』

FRF35-09

九州の食料需給率の推移

単位%

	地　域	2001年度	2002年度	2003年度	2004年度	2005年度	2006年度
カロリーベース	全　国	40	40	40	40	40	40
	九州7県	49	49	49	44	48	
	福岡県	22	22	22	19	22	19
	佐賀県	96	100	94	84	96	67
	長崎県	43	42	43	41	42	38
	熊本県	62	63	62	52	58	56
	大分県	54	54	55	46	48	44
	宮崎県	61	60	62	60	62	65
	鹿児島県	83	83	80	78	83	85
生産額ベース	全　国	70	69	70	69	69	
	九州7県	121	120	120	124	120	
	福岡県	41	42	42	40	41	
	佐賀県	146	147	158	144	153	
	長崎県	129	127	133	130	137	
	熊本県	156	156	156	156	156	
	大分県	133	130	130	132	125	
	宮崎県	235	241	249	247	256	
	鹿児島県	201	203	209	211	225	

※2006年は概算値　　出所）農林水産省　九州農政局

出典）『「フードアイランド九州」の形成に向けて』（九州経済同友会　九州はひとつ委員会）

九州と日本の農業産出額

	農業算出額	耕　種						畜　産		
			米	麦	い も	野 菜	果 実		肉 牛	ブロイラー
九　州	1兆6144億円	9448億円	2078億円	144億円	556億円	3791億円	1161億円	6521億円	2123億円	1257億円
全　国	8兆3162億円	5兆6254億円	1兆8044億円	680億円	2089億円	2兆0876億円	6984億円	2兆6371億円	5194億円	2829億円
シェア	19.40%	16.40%	11.51%	21.18%	26.62%	18.16%	16.62%	24.73%	40.87%	44.43%

出所）農林水産省『生産農業所得統計』平成21年農業算出額

FRF35-10　FRF35-09

主な政令指定市の開業率・廃業率(2006～2009)

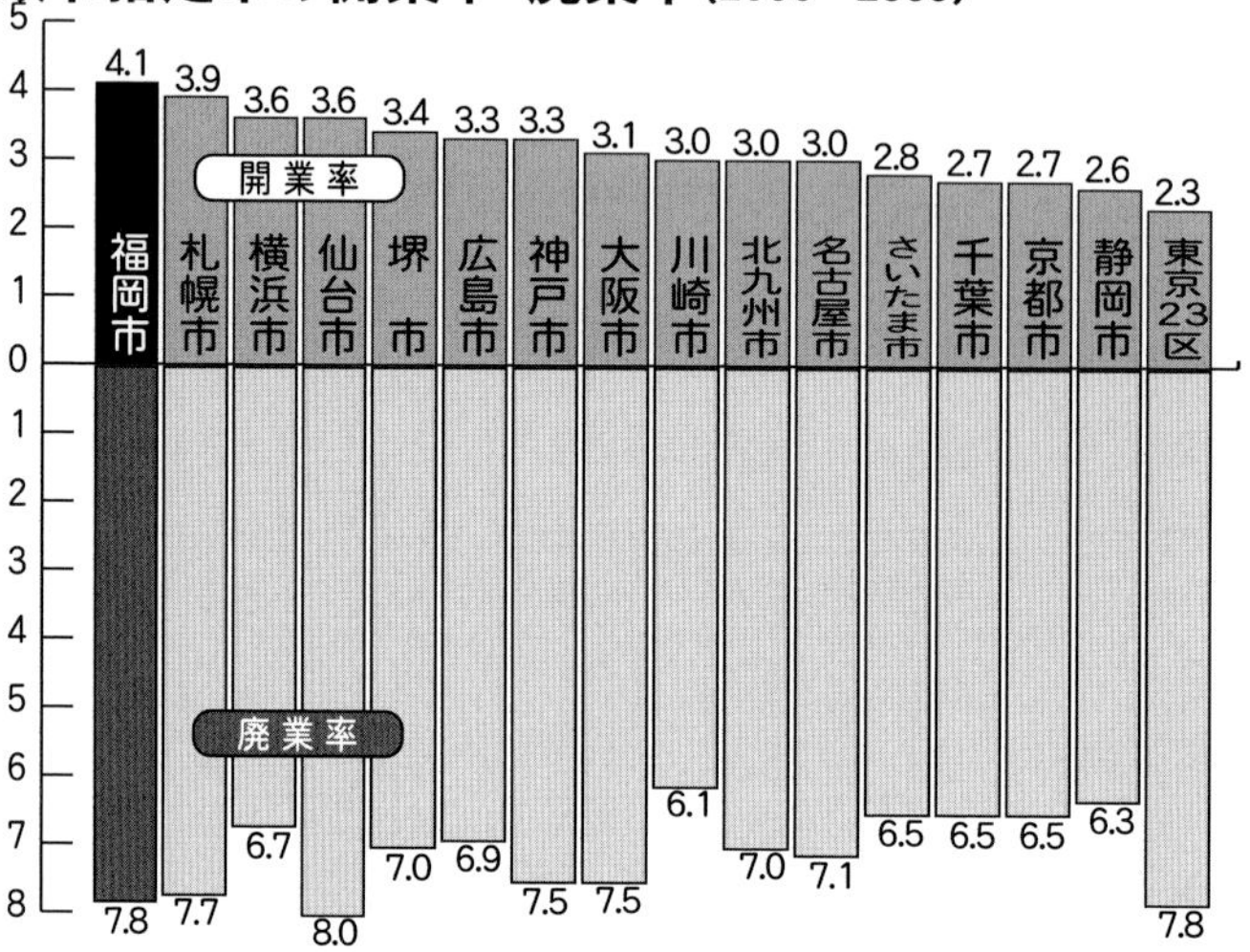

出典）福岡市経済観光文化局『福岡市経済の概況　2012年10月}
出所：総務省「事業所・企業統計調査」及び「平成21年経済センサス基礎調査」をもとに作成

福岡県および全国の創業・廃業率の推移(2002～2011)

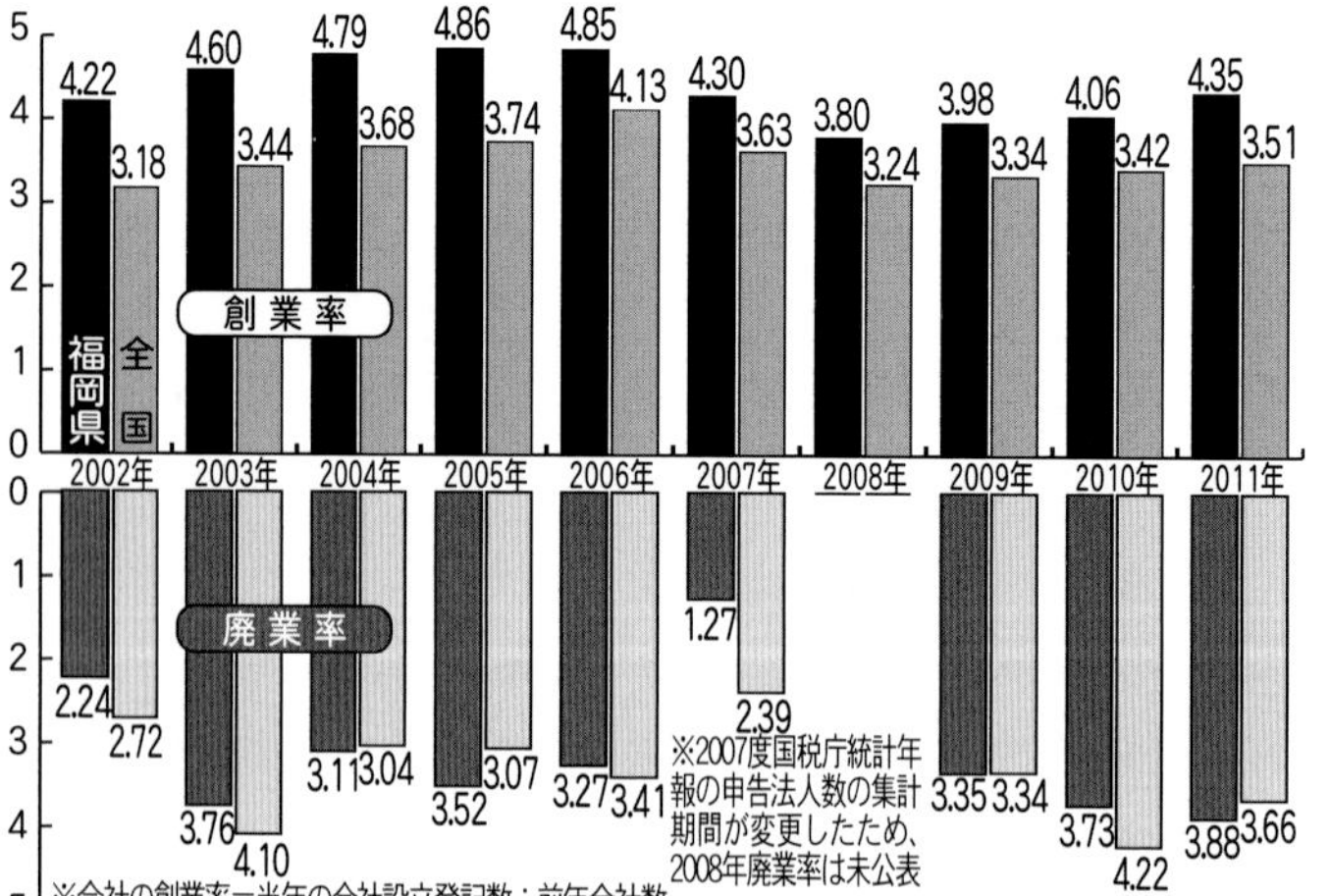

※会社の創業率＝当年の会社設立登記数÷前年会社数
会社の廃業数＝当年の会社設立登記数＋前年会社数－当年会社数、会社の廃業率＝会社の廃業数÷前年会社数

出典）福岡県調査統計課『福岡県の創業率と廃業率(平成23年)』
出所）国税庁「国税庁統計年報書」、法務省「登記統計年報」により作成

九州の1000億円企業一覧

順位	企業名	所在地	売上高
01	九州電力	福岡県	1 兆 6829 億 94 百万円
02	トヨタ自動車九州	福岡県	7863 億 52 百万円
03	TOTO	福岡県	3985 億 95 百万円
04	コスモス薬品	福岡県	3718 億 01 百万円
05	ソニーセミコンダクタ	熊本県	3555 億 47 百万円
06	アステム	福岡県	3471 億 60 百万円
07	コカ・コーラウエスト	福岡県	3325 億 31 百万円
08	トライアルカンパニー	福岡県	3070 億 94 百万円
09	新出光	福岡県	3070 億 38 百万円
10	ダイハツ九州	大分県	3045 億 23 百万円
11	ヤマエ久野	福岡県	2996 億 14 百万円
12	タイラベストビート		2726 億 53 百万円
13	九電工	福岡県	2598 億 68 百万円
14	イオン九州	福岡県	2456 億 13 百万円
15	ナフコ	福岡県	2326 億 62 百万円
16	小倉興産エネルギー	福岡県	2177 億 27 百万円
17	アトル	福岡県	2133 億 40 百万円
18	南国殖産	鹿児島県	2020 億 07 百万円
19	九州旅客鉄道	福岡県	1961 億 45 百万円
20	大分キヤノン	大分県	1949 億 98 百万円
21	安川電機	福岡県	1801 億 68 百万円
22	翔薬	福岡県	1694 億 33 百万円
23	小野建	大分県	1675 億 65 百万円
24	プレナス	福岡県	1486 億 69 百万円
25	西部瓦斯	福岡県	1465 億 05 百万円
26	東京エレクトロン九州	熊本県	1441 億 17 百万円
27	ジャパネットたかた	長崎県	1423 億 52 百万円
28	マックスバリュ九州	福岡県	1402 億 78 百万円
29	西日本鉄道	福岡県	1400 億 62 百万円
30	サンリブ	福岡県	1379 億 25 百万円
31	ベスト電器	福岡県	1362 億 37 百万円
32	ダイレックス	佐賀県	1353 億 88 百万円
33	フェイスグループ	福岡県	1350 億 00 百万円
34	大島造船所	長崎県	1309 億 35 百万円
35	タイヨー	鹿児島県	1286 億 93 百万円
36	富田薬品	熊本県	1233 億 62 百万円
37	岩田屋三越	福岡県	1182 億 75 百万円
38	岩下兄弟	熊本県	1167 億 79 百万円
39	ユーコー	福岡県	1146 億 10 百万円
40	ミスターマックス	福岡県	1131 億 11 百万円
41	九州東邦	福岡県	1064 億 70 百万円

九州各県別の売上高 100億円以上の企業数

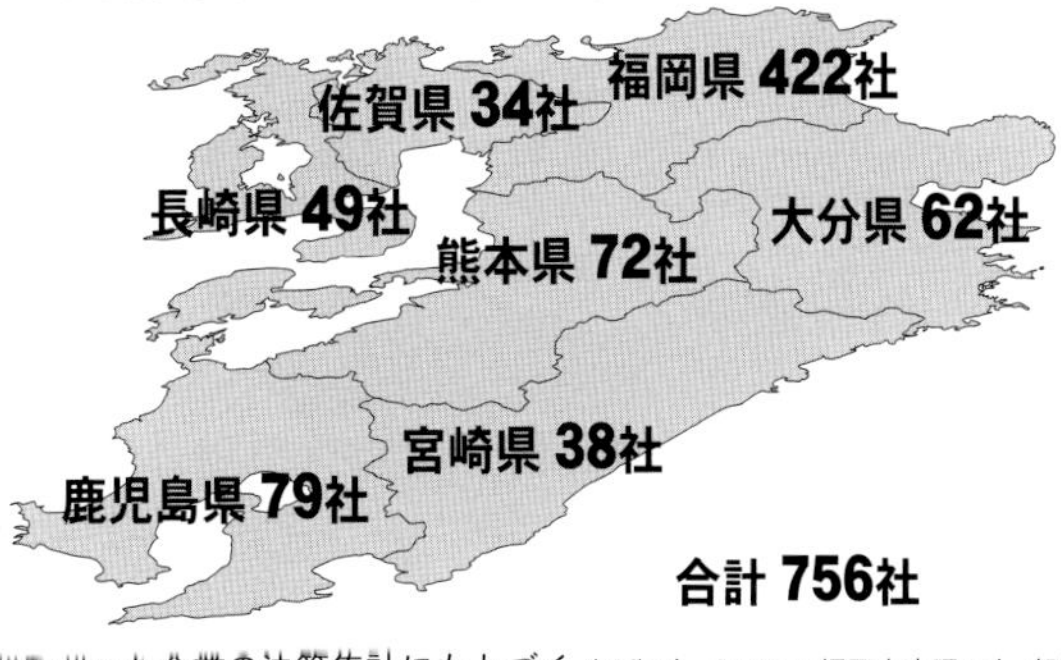

※2014年内に決算期を迎えた企業の決算集計にもとづく 出所)データバンク福岡支店調べ(一部推定含む、金融・団体などを除く)

福岡県内港の品目別・市場別輸出額構成グラフ(2012年)

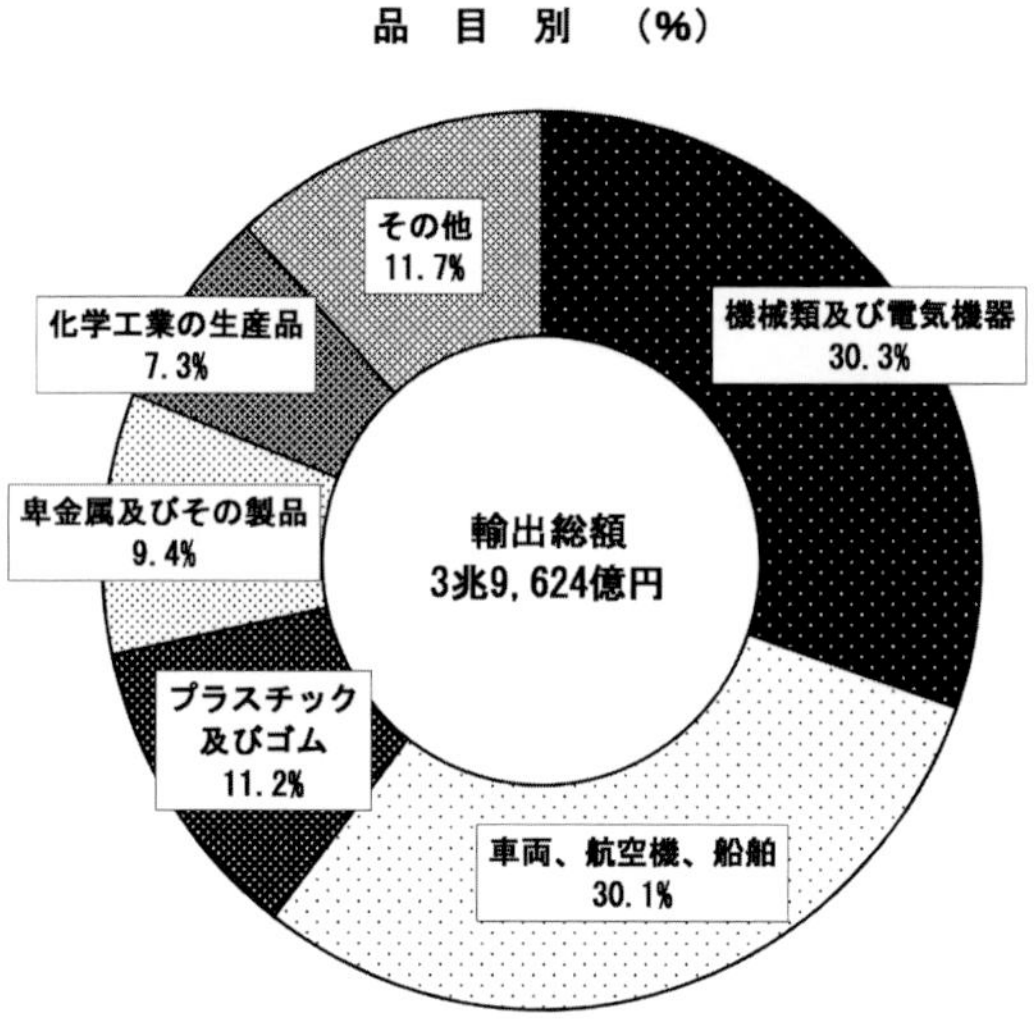

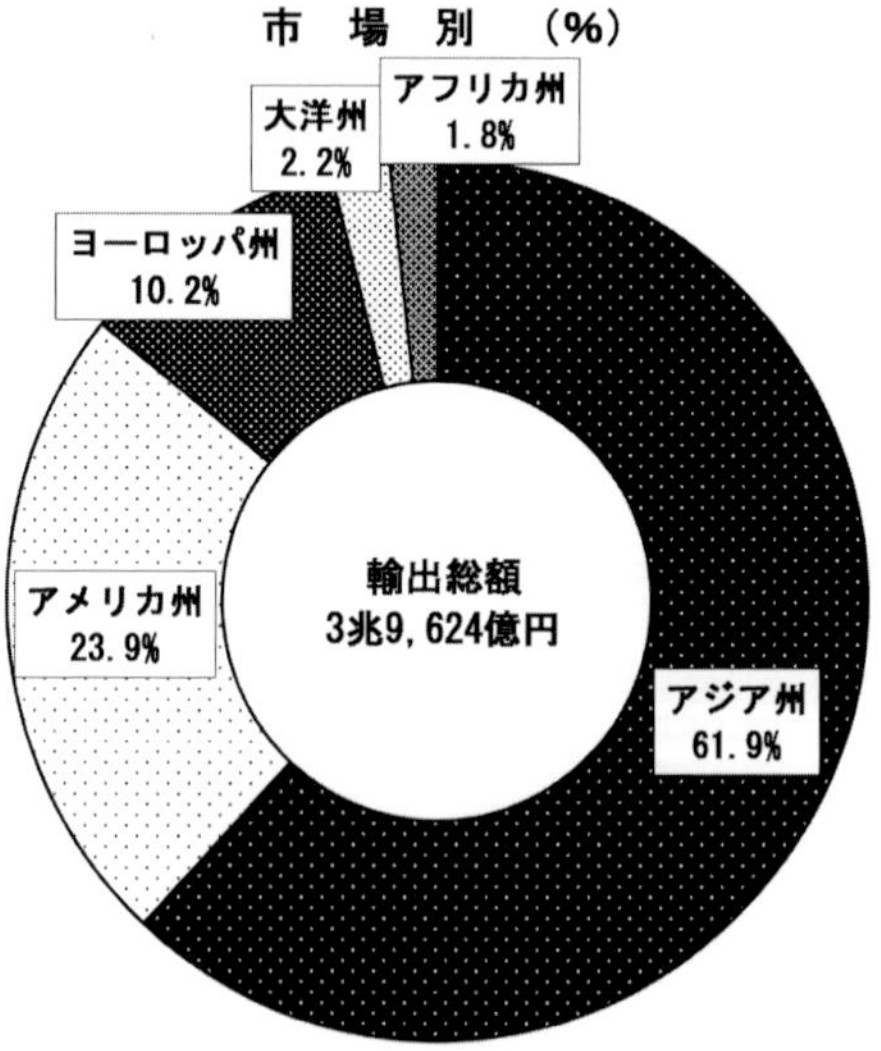

出典)福岡県『福岡県の国際化の現状』〔データブック〕(2014年7月)　(門司・長崎税関資料)

福岡県内港の品目別・市場別輸入額構成グラフ(2012年)

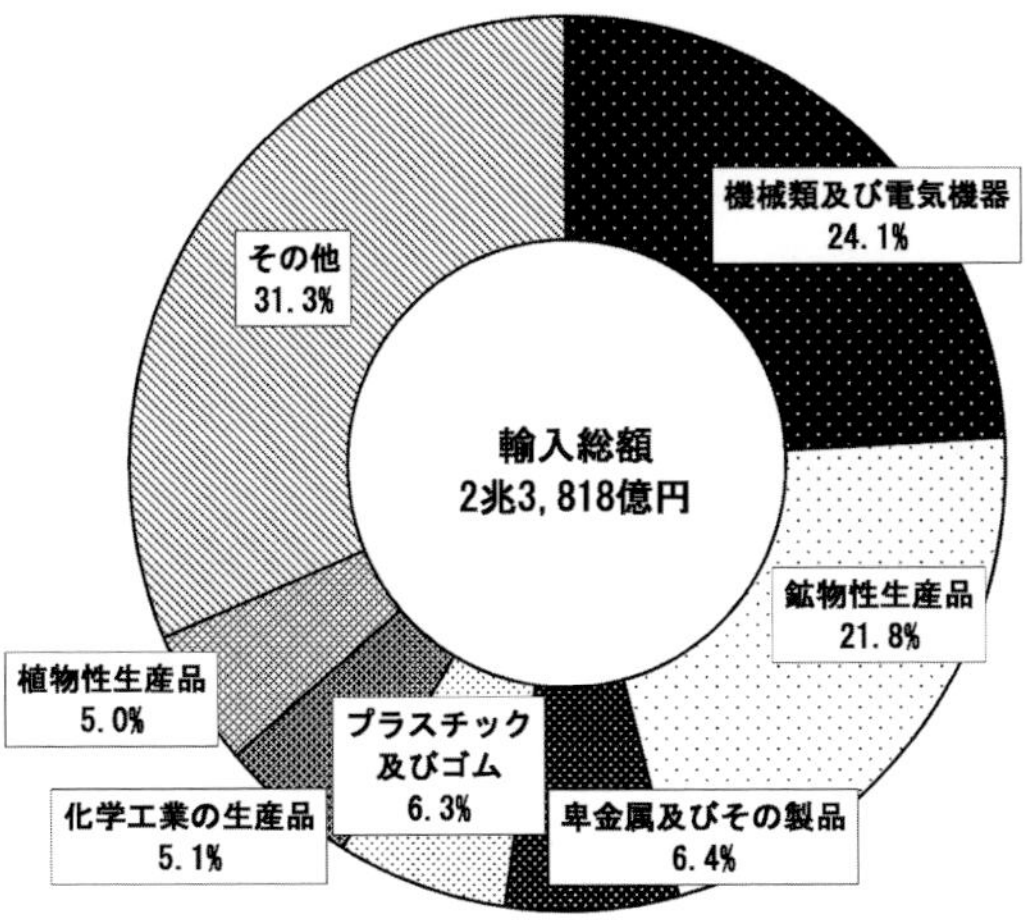

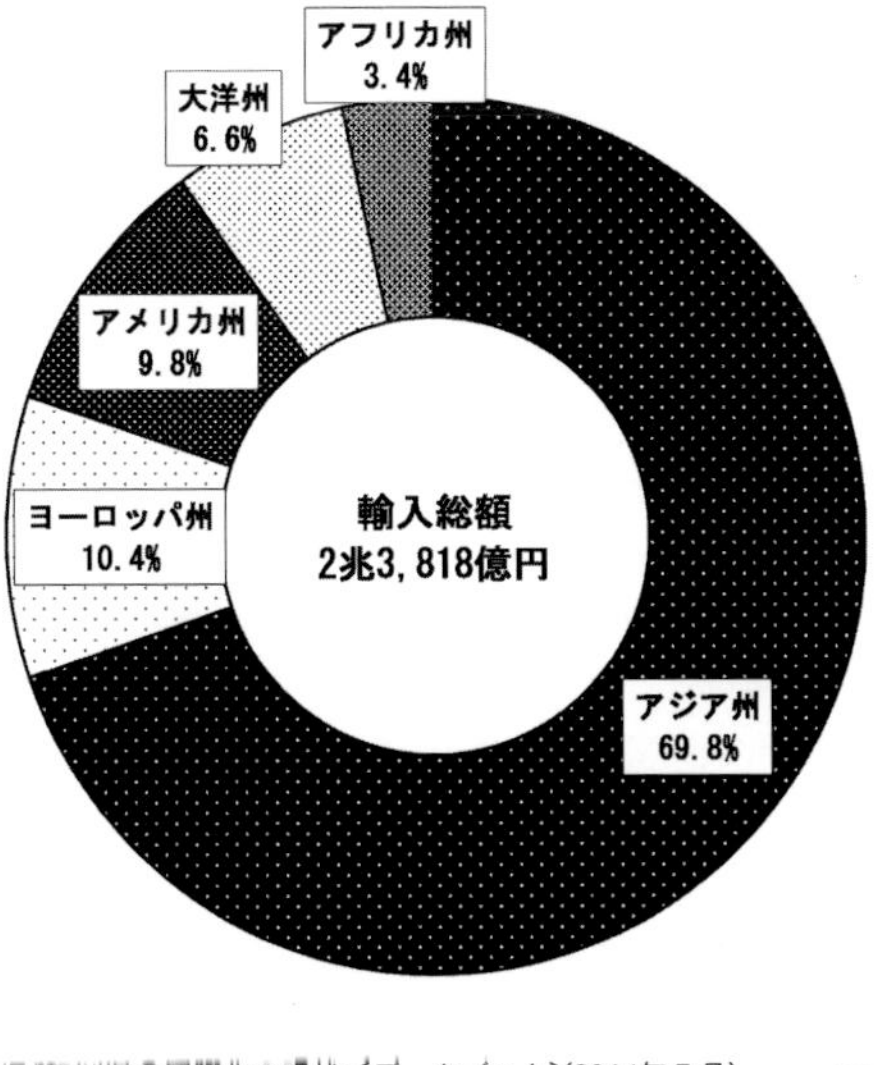

出典）福岡県『福岡県の国際化の現状』〔データブック〕(2014年7月)　(門司・長崎税関資料)

福岡県における留学生数の推移(各年5月1日現在)

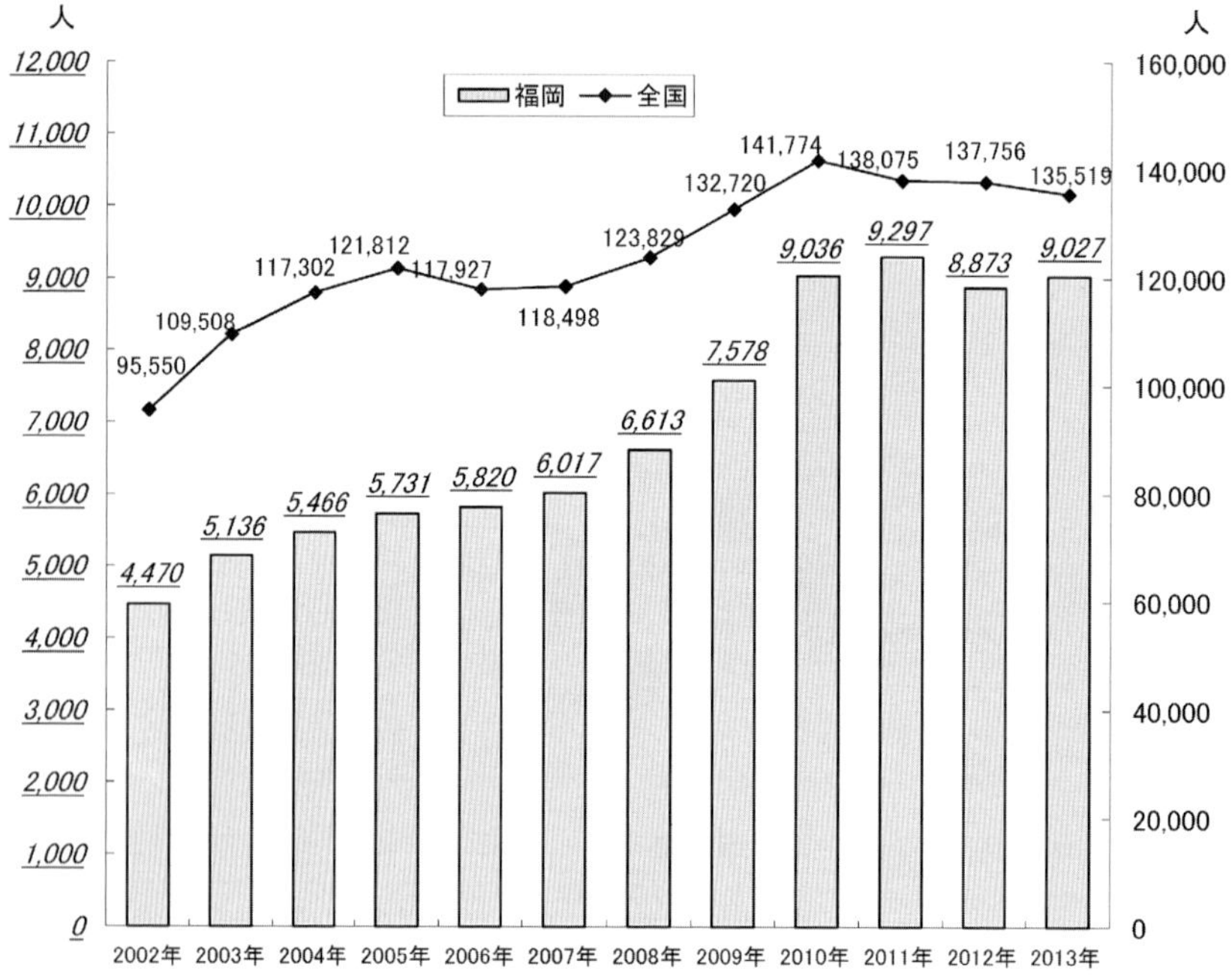

出典）福岡県『福岡県の国際化の現状』〔データブック〕(2014年７月)
(外務省、日本学生支援機構、福岡地域留学生交流推進協議会資料に基づき作成　各年５月１日時点)
全国は右目盛り、福岡県は左目盛りで表示

(注)上記留学生数には専修学校及び準備教育課程に在籍する留学生を含む。ここにおける留学生とは、「出入国管理及び難民認定法」別表第1に定める「留学」の在留資格により、我が国の大学・大学院、短期大学、高等専門学校、専修学校(専門課程)、我が国の大学に入学するための準備教育課程を設置する教育施設及び日本語教育機関に在籍する外国人学生を指す。
(日本学生支援機構「外国人留学生在籍状況調査」の定義による。)

九州の主要な外資系企業 進出年：社名（母国）

1921	日本エア・リキード(フランス)	1999	シスコシステムズ(米国)
1952	エース損害保険(スイス)	1999	マジックソフトウェア・ジャパン(イスラエル)
1958	昭石化工(英国)	1999	マニュライフ生命保険(カナダ)
1962	住友スリーエム(米国)	1999	レールダルメディカルジャパン(ノルウェー)
1962	バイエル・クロップサイエンス(ドイツ)	2000	アストラゼネカ(英国)
1967	ジョンソンディバーシー(米国)	2000	トックスーリックス プレソテクニック(ドイツ)
1967	トリンプ・インターナショナル・ジャパン(リヒテンシュタイン)	2000	日本ロバロ(ドイツ)
1971	デンツプライ三金(米国)	2001	クランフィールド大学(英国)
1973	マンパワー・ジャパン(米国)	2001	ジョージ フィッシャー(スイス)
1973	ミニット・アジア・パシフィック(スイス)	2001	フレゼニウス メディカル ケア ジャパン(ドイツ)
1976	エンドレス ハウザー ジャパン (スイス)	2002	I.W.フォーム九州(カナダ)
1976	スリーエムヘルスケア(米国)	2002	カルゴン カーボン ジャパン(米国)
1977	アフラック(アメリカンファミリー生命)(米国)	2002	日本アクアラング(フランス)
1977	B-R サーティワン アイスクリーム(米国)	2002	ハイウィン(台湾)
1978	ダウ化工(米国)	2002	ボヴィス・レンドリース・ジャパン(オーストラリア)
1980	ドール(米国)	2003	サン・マイクロシステムズ(米国)
1984	大同スペシャルメタ(米国)	2003	チューリッヒ・インシュアランス・カンパニー(スイス)
1985	イートン機器(米国)	2003	フエニックス・コンタクト(ドイツ)
1985	昭和シェル石油(英国オランダ)	2004	海天通産(中国)
1987	ディー・エイチ・エル・ジャパン(ドイツ)	2004	グリーン, ツイード アンド カンパニージャパン(米国)
1987	パーキンエルマージャパン(米国)	2004	チェルシージャパン(米国)
1988	ガリバーズ・トラベル・エージェンシー(英国)	2004	パブコ(ドイツ)
1988	中国東方航空(中国)	2004	ワーナーミュージック・ジャパン (米国)
1988	プルデンシャル生命保険(米国)	2005	デル(米国)
1989	ジェイアイ傷害火災保険(米国)	2005	Dongil Rubber Belt Japan (韓国)
1990	日本フィスバ(スイス)	2005	ヘレウス・エレクトロナイト(ドイツ)
1990	ハーゲンダッツジャパン(米国)	2005	レノボ・ジャパン(米国)
1991	ビー・ブラウンエースクラップ(ドイツ)	2006	アルデート(台湾)
1992	共栄工業(ドイツ)	2006	コミュニケーションワン(米国)
1992	テラダイン(米国)	2006	ソーラーフロンティア(オランダ)
1992	日本モレックス(米国)	2006	中国江蘇国際経済技術合作公司(中国)
1993	デジタル(フランス)	2006	長春対外経済技術合作有限公司(中国)
1994	クオニイジャパン(スイス)	2007	Asia Field Network(韓国)
1994	日本オラクル(米国)	2007	玉林商事(中国)
1994	ボブキャット(米国)	2007	早信国際(中国)
1995	フレゼニウス川澄(ドイツ)	2007	大光ジャパン(韓国)
1996	EMCジャパン(米国)	2007	バリアンセミコンダクターイクイップメント(米国)
1996	インファステック(米国)	2008	カチ情報 (韓国)
1996	テュフ・ラインランド・ジャパン(ドイツ)	2008	九州通商 (中国)
1996	新潟ウオシントン(米国)	2008	ボッシュ(ドイツ)
1997	ＳＢＪ銀行(韓国)	2008	三ツ星化成品(米国)
1997	信越石英(ドイツ)	2009	日本キスラー(スイス)
1997	スクレッティング(オランダ)	2010	Inter Global(韓国)
1997	DHLグローバルフォワーディングジャパン(ドイツ)	2010	サンテックパワージャパン(中国)
1997	ワゴジャパン(ドイツ)	2010	JR九州パトニ・システムズ(インド)
1998	エバーグリーン・シッピング・エージェンシー・ジャパン(台湾)	－－	ケアフューション・ジャパン228(米国)
1998	眞露ジャパン(韓国)	－－	コーンズ・エージー(香港)
1999	キャロウェイゴルフ(米国)	－－	日本アグフア・ゲバルト(ベルギー)

出所）九州経済産業局編『九州経済国際化データブック2011』

FRF40-49

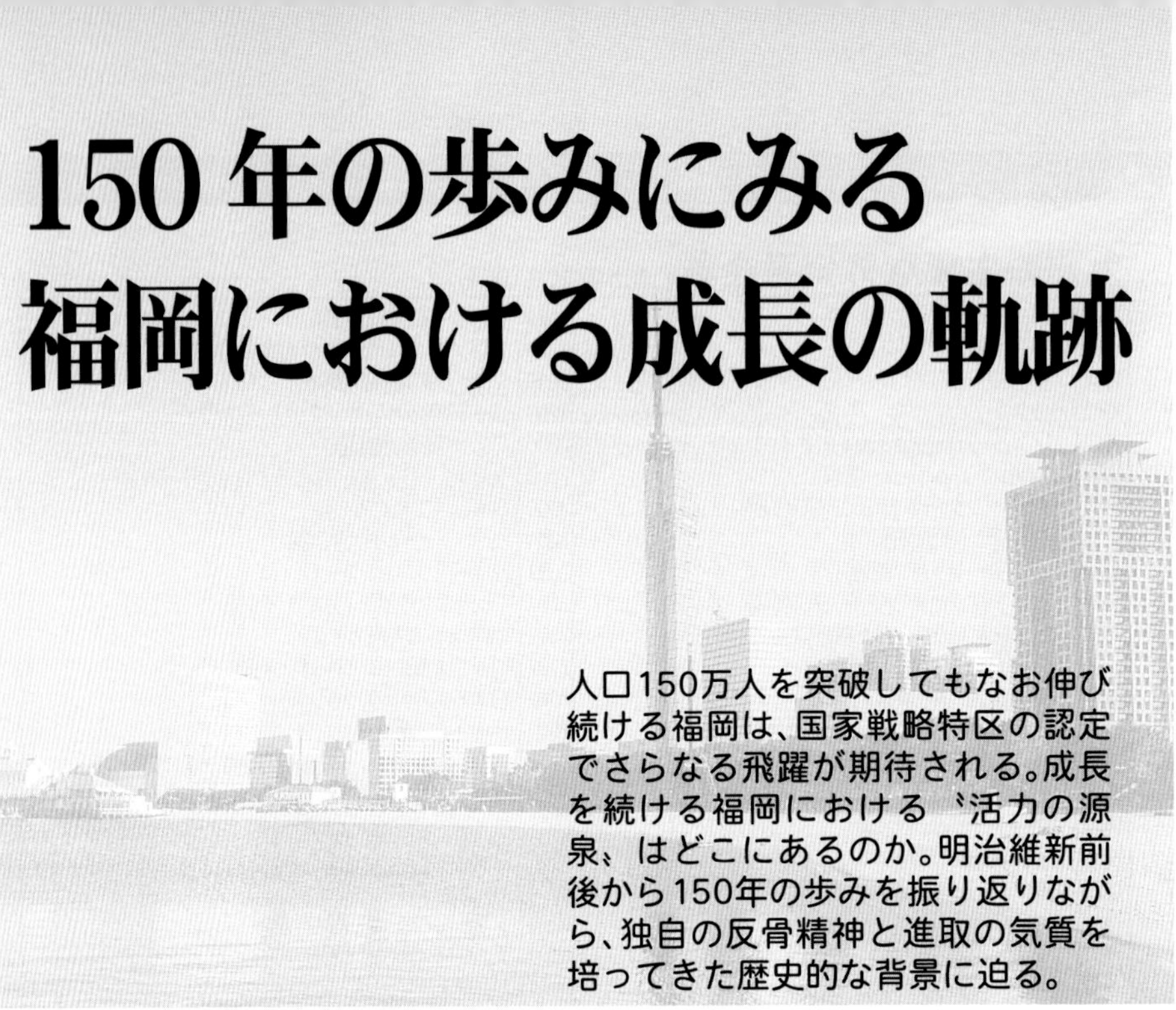

150年の歩みにみる 福岡における成長の軌跡

人口150万人を突破してもなお伸び続ける福岡は、国家戦略特区の認定でさらなる飛躍が期待される。成長を続ける福岡における〝活力の源泉〟はどこにあるのか。明治維新前後から150年の歩みを振り返りながら、独自の反骨精神と進取の気質を培ってきた歴史的な背景に迫る。

幕末の浮沈で明治維新に乗り遅れた福岡の悲哀

激動の幕末期において、薩長同盟などを仕掛けた福岡藩は一時期、表舞台に立っていた。しかし、『乙丑の獄』※で家老・加藤司書以下の筑前勤皇党を弾圧。その後、戊辰戦争が始まると、一転して佐幕派を粛清した結果、人材が払底して明治維新に乗り遅れた。

幕末から窮乏していた福岡藩の財政は、戊辰戦争の戦費支出でさらに逼迫した。1870年、福岡城内で行っていた新政府発行の太政官札などの偽造が発覚して、『太政官札贋札事件』が起きた。その結果、旧藩主で藩知事だった黒田長知は罷免、元家老ら5人が断首され、関係者95人が処罰された。

当時、他藩も財政難で偽札づくりに手を染めていたが、新政府は福岡藩だけを厳しくとがめた。1871年、廃藩置県の断行を待たずに福岡藩は消滅した。このため、旧士族を中心に中央政府に反発する気質が培われ、やがて西南戦争に呼応して挙兵した『福岡の変』につながった。その残党によって1881年に誕生したのが政治結社『玄洋社』だった。

※『乙丑の獄』……第1次長州征討後、幕府の圧力で福岡藩は1865年6月、藩主黒田長溥が筑前勤皇党藩士の捕縛を命じて、家老の加藤司書以下7名切腹、月形洗蔵以下14名斬首、その他流刑・謹慎で100名以上を処罰した。この結果、福岡藩は薩長土との人脈を持つ人材を失い、新政府への足がかりをなくした。

福岡における150年の歩み

1865年	『乙丑の獄』で家老・加藤司書以下の筑前勤皇党を弾圧
1870年	『太政官札贋札事件』で藩知事の黒田長知が罷免、元家老ら5人が断首、関係者95人が処罰
1877年	西南戦争に呼応して旧福岡藩士が挙兵して、『福岡の変』が起きる
1881年	政治結社『玄洋社』が誕生
1889年	市制が施行されて、福岡市が誕生
1890年	福岡市会（市議会の前身）で市名の『博多市』変更を建議するも1票差で否決
1897年	福岡市に電灯会社が誕生
1899年	渡辺与八郎らが『九州大学設立委員会』を設立、大学誘致に乗り出す
1903年	福岡市に『京都帝大福岡医科大学』が誕生
	博多港が対外貿易港として開港
1910年	九州八県連合共進会が開催
	幹線『福博電車』と循環線『博多電車』が相次いで開業
1911年	医科大学を母体に工科大学を新設して、九州帝国大学が発足
1912年	杉山茂丸が福岡県知事に博多湾大築港案を提出
1920年	第1回国勢調査での福岡市の人口は9万5000人
1922年	アルベルト・アインシュタインが来福、大博劇場で講演
1931年	チャールズ・リンドバーグが名島水上飛行場に飛来
1933年	福岡市は人口で熊本市を抜いて九州最大になる（〜1963年）
1937年	ヘレン・ケラーが西南学院や福岡女学院、福岡聾学校を訪問
1945年	福岡大空襲で都市機能が壊滅的な打撃
	2764人の引揚者を乗せた博釜連絡船『徳寿丸』が博多港に入港
1946年	福岡市は復興部を新設、復興計画を決定
	奈良屋校区で復興住宅の完成を祝った復興祭に子ども山笠が登場
1948年	博多祇園山笠が復活
1949年	福岡市の人口が37万7000人を記録、戦前の最高値を上回る
1952年	福岡市・渡辺通りに電気ビルが完成
1953年	福岡市・呉服町に博多大丸が開業
1954年	福岡市・明治通りに西日本ビルが完成
1955年	福岡市の人口が54万4000人
1960年	福岡市・天神四つ角に天神ビルが完成
1961年	福岡市・天神四つ角に福岡ビルが完成
	西鉄福岡駅が高架化されて、渡辺通りが拡幅
	福岡市が日本初のマスタープランである『第1次福岡市総合計画書』を策定
1963年	博多駅が現在地へ移転・拡張
1975年	山陽新幹線が博多駅に乗り入れ
	福岡市が100万都市となる
1981年	福岡市営地下鉄が開業（博多駅乗り入れは1983年）
1987年	新たに策定した『福岡市基本構想』で《海》と《アジア》を都市像に掲げる
1988年	『第6次福岡市基本計画』で《海に開かれたアジアの交流拠点都市》を打ち出す
	南海ホークスの球団売却で『福岡ダイエーホークス（現福岡ソフトバンクホークス）』が誕生
1989年	《アジア》《太平洋地域》をコンセプトにしたる『アジア太平洋博覧会　福岡89'』を開催
1995年	藤枝ブルックスが福岡市へ移転して、『福岡ブルックス（現アビスパ福岡）』となる
	第18回夏季ユニバーシアード（ユニバーシアード福岡大会）が福岡市で開催
2000年	九州・沖縄サミット（蔵相会合）が開催
2001年	アジアで初となる世界水泳選手権大会が福岡市で開催
2005年	九州国立博物館が国立博物館として108年振りに開館
	九州大学が伊都地区（伊都キャンパス）を開設
2011年	九州新幹線・鹿児島ルートは全線開業して博多駅に乗り入れ、博多シティが開業

ONE POINT VIEW

明治期は、ほぼ横一線だった福岡、長崎、熊本

明治中期の1889年、九州の主要都市で市制が施行された。鹿児島市、長崎市、福岡市、熊本市の人口はいずれも5万人台で、ほぼ横一線だった。

城下町『福岡』と商人の町『博多』という双子都市だった福岡市は、誕生翌年の福岡市会（市議会の前身）で市名を『博多市』に変更する建議が出された。議長裁定の結果、1票差で建議は否決された。

一方、九州の中央に位置する熊本市には、1886年の熊本逓信管理局設置を皮切りに、第五高等中学校（後の第五高等学校）、陸軍第6師団など

国の出先機関が続々と設けられ、九州の中枢都市としての様相を呈していった。

1891年に九州初の電灯会社が熊本市に設立するなど、近代化の面でも先行した。福岡市に電灯会社が誕生したのは6年後の1897年のことだった。

九州大学誘致が中枢都市への弾みとなった

当初、熊本、長崎に次いで、九州で三番手だった福岡市が九州の中枢機能都市としての地位を築く上で東京、京都に次ぐ帝国大学の誘致が大きかった。

1899年、〝最後の博多商人〟といわれた福博財界の重鎮・渡辺与八郎らが地元の政財界や教育界とともに『九州大学設立委員会』を設立して、大学誘致に乗り出した。福岡に続いて、熊本、長崎も名乗りを挙げて激しい争奪戦を繰り広げた。

熊本は中央官庁の出先機関が集積する九州の中枢都市であり、当時九州唯一の第五高等学校があった。

一方、長崎は江戸時代から西洋文明の窓口であり、東洋一と称された三菱造船所を擁する国際港として、九州一の繁栄を誇っていた。

福岡への大学誘致では、予定地の対岸にあった柳橋遊郭がネックとなった。文部省からも「教育上よろしくない」としてクレームがついていた。このため、渡辺与八郎は遊郭移転地として、私有地約16万㎡を提供。遊郭50軒の大移転もまた、大学誘致に劣らぬ難事業だったが、苦労の末に実現した。

1903年4月、福岡市に『京都帝大福岡医科大学』が誕生。やがて、医科大学を母体に工科大学を新設して、1911年4月、九州帝国大学が発足した。これを契機に福岡市は九州の産業や文化、学術における中枢的な地位を確立していくことになる。

〝博多商人〟渡辺与八郎が描いた大福岡都市構想

大学誘致に功績のあった渡辺与八郎は当時、九州有数の呉服商だった一方で、都市開発にも積極的に取り組んだ。その偉業は、現在の福岡市内を南北に走る『渡辺通』にその名を残す。

渡辺与八郎が打ち出した大福岡都市構想は、東西・門司～唐津、南北・博多港～天神～二日市を鉄道で結ぶという内容だった。1910年に開催された九州八県連合共進会に際して、有志で『博多電気軌道』を設立。天神～渡辺通～住吉～博多駅、そして築港～天神に戻る循環線『博多電車』を走らせた。

一方、福沢桃介や松永安左衛門らの中央資本は、福岡市内を東西に走る幹線『福博電車』を開業させ、循環線『博多電車』と幹線『福博電車』はライバル関係であった。鉄道の敷設用地の買収に膨大な資金を要したが、渡辺与八郎は「電車が通れば、家はつぶれてもよい」と広言して、用地買収の陣頭に立った。

当時の福岡医科大学正門（画像：福岡市博物館所蔵）※引用：『フォーラム福岡』Vol.48

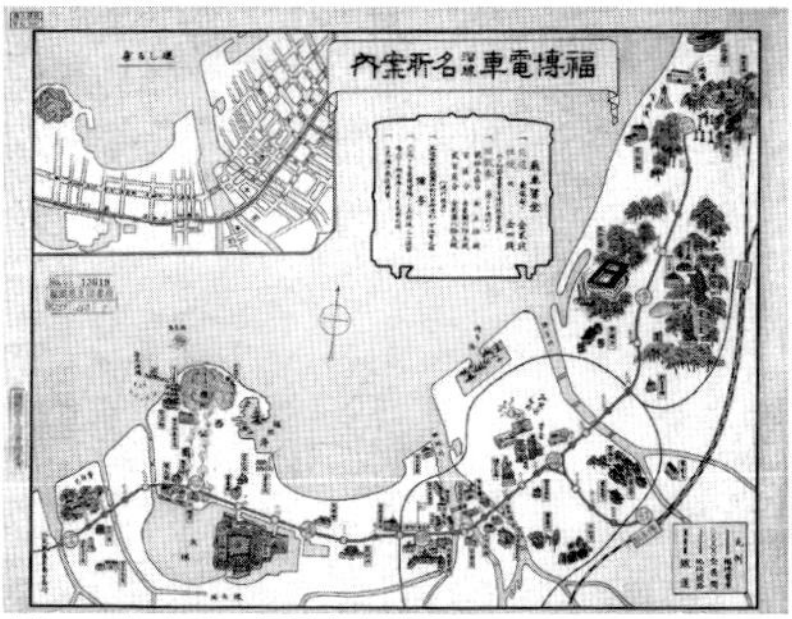

左）1910年当時の福岡市内地図（画像：福岡県立図書館所蔵）※引用：『フォーラム福岡』Vol.48
右）渡辺与八郎肖像（出典『渡邊與八郎伝』）※引用：『フォーラム福岡』Vol.48

共進会自体は福岡城外堀と湿地帯（現在のアクロス福岡～ソラリアステージ）を埋め立てた一帯を会場に開催された。後に同地は天神繁栄の礎となった。

孫文の辛亥革命を支えた博多と九州の気質

九州八県連合共進会開催の翌1911年に孫文らが起こした辛亥革命において、博多や九州が大きな役割を果たしたことは一般的に知られていない。

清朝転覆の活動拠点は日本にあり、孫文の日本国内での拠点づくりや資金面を援助したのは、頭山満を筆頭とした玄洋社のメンバーをはじめ、宮崎滔天や犬養毅らの傑物であり、地元の炭鉱経営者らだった。

革命後に来福した孫文は、「貴国と吾国、殊に九州の地とは、遠き以前より密接なる因縁あり。吾国が貴国と交通を開くや、九州は実に最初の発源地、又、最も主要なる連絡地なりき。（略）最近に於ける吾国の大事業たる革命に際しても、最も多大の援助力を貴国の人士、殊に九州の人士に仰ぎたりきに（略）」と、謝辞を述べている（ふるさと歴史シリーズ『博多に強くなろう』西日本シティ銀行刊）。

また、宮崎滔天が、自らの前半生を自叙伝としてつづった『三十三年之夢』は辛亥革命へ赴こうとした計画の全容や失敗の経緯を孫文をはじめ実名で記した。中国でも翻訳されてベストセラーとなり、本書を手にした毛沢東は滔天に手紙を書き送っている。

玄洋社や滔天らの活動は、中央政府と異なる思想や動きであり、李朝鮮末期の革命家やフィリピン独立運動の軍人、インド独立運動の志士を支援するなどアジアの将来像を独自に描いて取り組んでいた。

第1回国勢調査で首位・長崎市、4位・福岡市

第1回国勢調査が実施された1920年当時、九州の都市人口は、1位長崎市・17万6000人、2位鹿児島市・10万3000人、3位八幡市・10万人、4位福岡市・9万5000人、5位熊本市・7万人の順だった。

長崎市の人口急増は日清・日露戦争後、大陸への国際航路が活気づいたためである。八幡市が福岡市を抜いて3位になったのは、1901年の官営八幡製鉄所の完成・稼働を契機に、北九州が日本経済を支える重工業地帯として活況を呈したためだった。

国際貿易港を夢見た、幻の外資導入大築港計画

博多港は1899年、対外貿易港として開港したものの、往年、国際貿易で栄えた博多湾の築港計画が、財政難で遅々として進まなかった。そうした中、気宇壮大な博多湾大築港案が1912年に登場する。

福岡県知事宛の築港願書では、箱崎沖から西戸崎に一線を引いた東側の海面を埋め立て、クシの歯状に岸壁を構築する雄大な計画だった。提案者は福岡士族出身で玄洋社の流れをくむ大物フィクサーであり、作家・夢野久作の父、杉山茂丸だった。第1次世界大戦の勃発などで国内での資金調達は難航したため、外資導入が試みられた。1924年5月、米国系のアジア・ディベロップメント社との間で総額1750万円の借款交渉が妥結、契約に至った。

アメリカ国内での資金調達も順調だったものの、福岡市による借款保証を得られなかったため、前代未聞の外資導入は日の目をみなかった。一旦は頓挫したものの、杉山は初志を貫徹し、1933年に箱崎海岸で74万㎡の埋め立てを成し遂げた。しかし、2年後に杉山が死去。本格的な博多港の開発は1960年代まで待たねばならなかった。

戦前、アインシュタイン、リンドバーグ、ヘレン・ケラーが来福

ノーベル賞受賞を日本へ向かう船上で知ったアルベルト・アインシュタインは1922年12月、福岡を訪れて、大博劇場で講演した。1931年9月、チャールズ・リンドバーグが名島水上飛行場に飛来。そして、1937年5月にはヘレン・ケラーが西南学院や福岡女学院、福岡聾学校を訪問するなど、世界的な偉人が戦前、福岡の地を踏んだ。

この間、1933年に福岡市は人口で熊本市を抜いて九州最大となり、北九州市誕生の1963年まで首位だった。市勢は順調に拡大する一方、日中戦争勃発、三国同盟締結、南方進出で日米関係の緊張は高まり、太平洋戦争へと時代は突き進んでいった。

旧博多駅に降り立つアインシュタイン博士（写真：桑木家所蔵）※引用：『フォーラム福岡』Vol.47

福岡大空襲で焦土化した福岡市中心部（画像：福岡市博物館所蔵）※引用）『フォーラム福岡』Vol.48

福岡大空襲で焼け野原となった福岡市街地

太平洋戦争での敗戦色濃い1945年6月19日、夕方近くにマリアナ基地を出撃した239機のB29爆撃機は一路、九州を目指した。B29の各編隊は九州南部から分散して北上、有明海から佐賀県、脊振山地を越えて福岡市上空に侵入した。そして、福岡都心上空に到達した23時過ぎから焼夷弾を投下。その数は1358トンに達した。

約2時間にもおよぶ空襲で福岡市内は火の海と化し、死者902人・行方不明者244人、負傷者1078人もの尊い犠牲を払った。軍関係施設だけでなく、官公庁や学校、会社、工場、商店街から一般民家に至るまで多数の建物が被災。炎上した家屋は1万2693戸、被災者は6万5999人を数えた。空襲の結果、福岡市の中心部は廃

墟と化して、一面焼け野原となった。交通や通信、電気、ガス、水道などの生活インフラも甚大な被害を受け、都市機能は壊滅的な打撃を受けた。

焦土での山笠復活、戦後復興に立ち上がる

福岡大空襲で甚大な被害を受けた福岡市の戦後復興は、急を要する市街地の清掃と上下水道の漏水防止などの応急復旧事業から始まった。1946年1月、福岡市は復興部を新設し、復興計画の基幹となる都市計画街路や土地区画整理区域などを決定した。

博多を代表する夏の風物詩である博多祇園山笠は、戦時下でも継続していた。しかし、福岡大空襲で各流の山笠台や法被が焼失したため、1945年は中止に至った。翌1946年、奈良屋校区で復興住宅の完成を祝った復興祭に子ども山笠が登場。本来の山笠が復活したのは、1948年夏のことだった。

戦後、国内最大の引揚港として再スタート

東京湾に浮かぶ戦艦ミズリーの艦上で日本政府が、連合国代表との間で降伏文書に調印した翌々日の9月4日、2764人の引揚者を乗せた博釜連絡船『徳寿丸』が博多港に入港した。厚生省が博多引揚援護局を開設した1945年11月以降、引き揚げは本格化し、1947年4月までの1年5カ月に及んだ。

終戦当時、多くの日本人がアジアを中心に海外に取り残されていた。その数は軍人・軍属330万人、一般人330万人の計660万人に上った。中国東北部および朝鮮半島から元軍人42万人を含む139万人が上陸した博多港は国内最大の引揚港だった。

戦前・戦時中は門司港や下関港が主力港だったが、アメリカ軍が関門海峡を機雷封鎖したため、比較的安全だった博多港が引揚港に選ばれた経緯がある。海外からの引揚者を受け入れる博多港は当時、在日の朝鮮人・中国人ら50万人が朝鮮半島や中国大陸へ旅立つ港でもあった。焼け野原と化したものの、福岡は依然として、朝鮮半島や中国大陸との往来において、重要な土地だったといえる。

相次ぐ復興の槌音、進むオフィス街の形成

戦後の混乱と占領下という事態においても福岡市の市

勢は順調に回復した。1949年末に人口は37万7000人を記録、戦前の最高人口を上回った。終戦の翌1946年、福岡市・天神に新天町商店街が産声を上げた。その後、路面電車が走る幹線沿いにビル建設が相次いだ。1952年渡辺通りに電気ビル、1953年呉服町に博多大丸、1954年明治通りに西日本ビルが姿をみせた。

終戦での混乱が一段落した1955年に実施した国勢調査では、1位福岡市・54万4000人、2位熊本市・33万2000人、3位長崎市・30万3000人、4位八幡市・28万6000人、5位鹿児島市・27万4000人だった。

その後も1960年福岡市・天神四つ角に天神ビル、1961年に福岡ビルが登場、西鉄福岡駅の高架工事も完了した。合わせて渡辺通りも拡幅された。

一方戦前から旅客の混雑や平面交差が懸案だった博多駅は1963年、南へ600m移転して高架・拡張した。移転に合わせて駅周辺で大規模な区画整理事業を実施し、オフィスビルが相次いで誕生した。

この間、八幡市などの北九州の各市も戦後の製鉄や石炭産業を重視した国策のもとで大いに発展した。1963年には、5市が合併して、九州初の100万都市となる北九州市が誕生した。1975年、山陽新幹線が九州まで延伸して、小倉駅経由で博多駅に乗り入れた。その後、1981年に営業を開始した福岡市営地下鉄が83年に博多駅へ乗り入れたことで、同地区は陸の玄関口として、ビジネス街としても飛躍した。

1946年の復興祭で復興住宅を行く傘鉾(画像:福岡市博物館所蔵)※引用)『フォーラム福岡』Vol.48

空から見た1960年代の博多と福岡(画像:福岡市博物館所蔵)※引用:『フォーラム福岡』Vol.48

日本初の総合計画を策定、改訂で商業都市路線へ

1961年、福岡市は日本で初めての総合計画(マス

ープラン）となる『第1次福岡市総合計画書・マスタープラン』を策定した。東京オリンピック開催を控えた当時は、国を挙げて第2次産業の隆盛に努めて、高度成長を謳歌した時代だった。福岡市の第1次総合計画においても「工業都市を目指す」と明言、工業都市をモデルに将来計画を考えていた。

1966年に策定した『第2次基本計画』では、商業地として栄えて来た福岡・博多の歴史を踏まえて、商業・情報・サービス機能を強化して、九州の中枢都市を目指す路線へと転換した。その後も順調に市勢を拡大した福岡市は1972年4月、川崎市、札幌市とともに政令指定都市となる。1975年には100万都市となり、1979年には北九州市を抜いて、九州の経済・情報・文化の中枢機能都市としての存在感を増した。

福岡市は1987年に策定した『福岡市基本構想』で《海》と《アジア》を都市像に掲げた。そして、翌1988年に『第6次福岡市基本計画』で《海に開かれたアジアの交流拠点都市》を打ち出した。福岡市制施行100周年にあたる1989年には、《アジア》《太平洋地域》をコンセプトにした世界で初めての博覧会である『アジア太平洋博覧会―福岡89'』（通称よかトピア）を開催した。

アジア主題の『よかトピア』が官民連携で成功

1989年3月、福岡市・百道浜、地行浜一帯の臨海埋め立て地区を会場に国際色豊かな『よかトピア』が、華々しく開幕した。「新しい世界のであいを求めて」をテーマとしたよかトピアは、アジア太平洋諸国の歴史や生活・文化を体験できる『アジア太平洋ゾーン』や未来社会に触れる『パビリオンゾーン』などで構成された体験型博覧会だった。よかトピアに国内から1056企業・団体、国外から37カ国・地域と2国際機関が出展。パビリオン43館（国内33館・外国10館）が設置、入場者は目標700万人を上回る823万人を記録した。

よかトピアの成功においては、会場スタッフの奮闘に加えて、企画運営に官民が連携して取り組んだ点が大きかった。運営主体のアジア太平洋博覧会協会の顧問に九州・山口・沖縄各県知事らが名を連ねた。評議委員に行政や議会、商工業、農林水産業、教育文化、社会福祉などの各団体代表が就き、その数は500人を超えた。

よかトピア以降、福岡は地域を挙げて官民によるアジア路線を加速させていった。

アジアを視野に産学官民で主体的なまちづくり

よかトピア開催の前年・1988年、南海ホークスの球団売却で『福岡ダイエーホークス（現福岡ソフトバンクホークス）』が誕生した。95年、藤枝ブルックスが福岡市へ移転、『福岡ブルックス（現アビスパ福岡）』となり、プロスポーツが充実していく。同年8月にユニバーシアード福岡大会、2001年7月にアジア初の世界水泳選手権大会が開かれ、国際的なスポーツ大会の開催で実績を積み重ねた。2007年には落選したものの、2016年開催予定の第31回夏季オリンピックの国内候補都市として名乗りを挙げた。

一方、1997年のアジア開発銀行年次総会、2000年の九州・沖縄サミット（蔵相会合）が開催された。当時、コンベンションシティ路線を打ち出していた福岡市にとっては、後年、グローバルMICE都市を目指す上で嚆矢となった。

1989年に開催されたアジア太平洋博覧会（画像提供：福岡市）※引用）『フォーラム福岡』Vol.51

人口150万人突破の福岡市は今後も人口増を見込む（画像提供：福岡市）※引用）『フォーラム福岡』Vol.51

国家戦略特区でグローバル創業都市を目指す

2005年に九州国立博物館が開館した。時を同じくして、九州大学伊都地区が開設、3段階での大学移転が始まった。移転に伴い、教養部があった六本松地区跡地での再開発が動き出した。2011年、九州新幹線・鹿児島ルートが全線開業して博多駅に乗り入れ、合わせて日本最大級の駅ビル・博多シティが開業。博多駅前では2014年、大型商業ビル、大型オフィスビルが建設を始めた。

同年3月、福岡市の『グローバル創業・雇用創出特区』が国家戦略特区に採択、《国内外からチャレンジしたい人と企業が集い、新しい価値を生み続ける都市》へ歩み出した。

業務	その他	和暦
	福岡市制施行	明治22
		明治24
	九州沖縄県連合共進会	明治43
	九州帝国大学開設	明治44
		大正06
※重工業会社、商社、金融機関が九州の拠点として福岡へ進出		大正13
	東亜勧業博覧会（大濠）	昭和02
		昭和11
		昭和14
		昭和17
高等裁判所（長崎から移転）		昭和20
※福岡通産局、地方専売局、農林漁業金融公庫、住宅公団、公正取引委員会等の国機関設置		昭和21
	戦災復興土地区画整理事業開始 〈大博通り、渡辺通り、昭和通り他〉 （３２年まで延長、３７年まで再延長）	昭和24
電気ビル旧館建築		昭和25
		昭和26
電気ビル別館建築		昭和27
	福岡競艇事業開始（須崎海岸）	昭和28
西日本ビル、朝日ビル建築		昭和30
	博多駅地区土地区画整理事業開始	昭和33
	大博通りワシントンパーム植樹	昭和34
天神ビル建築		昭和35
福岡ビル建築	全国初の市総合計画書（マスタープラン）を刊行	昭和36
市民会館開館	須崎ふ頭食品コンビナート構想	昭和38
	須崎ふ頭竣工	
博多パラダイスオープン（現ポートセンター）、県文化会館開館（現県立美術館）		昭和39
	博多駅国合同庁舎建設要望	昭和40
	駐福岡大韓民国総領事館	昭和41
	博多駅周辺高層建築物設置奨励条例制定～昭和47.3	昭和42
電気ビル本館建築	博多駅東国合同庁舎完成（国17出先機関）	昭和43
	清川１丁目地区市街地改造事業完了	昭和44
		昭和45
	博多駅地区土地区画整理事業完了	昭和46
	戦災復興土地区画整理事業完了	昭和47
	政令指定都市へ、人口89万人	
	川端地区周辺の地盤低下が深刻化	
		昭和48
	博多駅周辺99棟の高層ビル竣工	
福岡銀行本店ビル建築	福岡市の人口100万人を突破	昭和50
		昭和51
	渇水による給水制限開始、渡辺通地区市街地再開発事業完了	昭和53
	東西軸トランジットモール（明治通り木陰散歩道）整備	昭和54

※『新・福岡都心構想』の《都心の変遷》をもとに作成

福岡都心における変遷(1889年～1979年)

西暦	交通	商業
1889	九州鉄道(現ＪＲ)が運輸営業開始 (博多～千歳川仮:筑後川北岸)	
1891	九州鉄道博多～門司間全線開業	
1910	２代目博多駅開業 福博電気軌道運輸営業開始 (大学前～西公園、呉服町～博多駅)	
1911	福博電気軌道運輸営業開始(循環線)	
1917		
1924	九州鉄道(現西鉄)が運輸営業開始 (福岡～久留米)	
1927		
1936	雁ノ巣飛行場完成	旧岩田屋本館オープン
1939	九州鉄道(西鉄)大牟田まで開通	
1942	関門トンネル開通	
1945		
1946		
1949		
1950		
1951	民間航空再開(東京－大阪－福岡)	
1952		
1953		大丸呉服町オープン
1955		
1958		
1959		
1960		
1961	西鉄福岡駅の高架完成 (最後の戦災復興事業　駅60m西へ移設) 高架下のﾊﾞｽﾀｰﾐﾅﾙと直結	
1963	博多駅高架移転(南東へ600m移転) 博多臨港鉄道(鮮魚市場線)開設	
1964		博多駅前地下街オープン
1965	福岡交通センター開業 大韓航空とキャセイパシフィック航空が乗入れ	
1966	福岡中央駐車場完成(警固公園地下) 須崎公共臨港線開通	博多井筒屋オープン
1967		
1968		
1969	山陽新幹線岡山～博多間工事認可	
1970	国鉄鹿児島本線全線電化完成	
1971		ダイエーショッパーズオープン
1972	福岡空港、第二種空港として供用開始 山陽新幹線博多駅起工式	
1973	西鉄高速ﾊﾞｽ開始「ひのくに号」(福岡～熊本) 九州自動車道(鳥栖～熊本開通)	マツヤレディスオープン
1975	山陽新幹線博多駅開業 路面電車(貫線,呉服町線,城南線) 廃止ﾊﾞｽ代行開始 九州自動車道(古賀～鳥栖開通)	博多ターミナルビルオープン 福岡銀行本店ビル建築 博多大丸が呉服町から天神へ移転
1976		天神コアビルオープン 天神ビブレオープン 天神地下街オープン
1978	路面電車(循環線,貝塚線)廃止	
1979		サンセルコオープン

業　　　務	そ　の　他	和暦
		昭和55
福岡サンンパレス、福岡国際センター開館	福岡県庁吉塚へ移転	昭和56
	人口110万人を突破	
電気ビル新館建築		昭和58
	中華人民共和国駐福岡総領事館開設	昭和60
		昭和61
	福岡市新基本構想策定 人口120万人を突破	昭和62
福岡ダイエーホークス誕生	アジア太平洋博覧会開幕	昭和63
		平成元
	博多港が特定需要港湾に昇格	平成２
	人口125万人を突破	平成３
		平成4
福岡ドーム開業		平成5
マリンメッセ福岡オープン	ユニバーシアード福岡大会開催	平成7
アビスパ福岡誕生	住吉地区市街地再開発事業完了	平成8
シーサイドももち供用開始による都心からのオフィス移転 ハビタット福岡事務所開設 福岡シティ劇場オープン アクロス福岡オープン	天神地区市街地再開発事業完了 人口130万人を突破	平成9
		平成10
ＮＴＴ新博多ﾋﾞﾙ(博多駅東)竣工　ＮＴＴ関連会社集約 博多座、福岡アジア美術館開館	下川端地区市街地再開発事業完了 「都心居住・博多部振興プラン」策定 下川端東地区市街地再開発事業完了 集中豪雨により博多駅周辺地区、天神周辺地区に水害発生 博多港開港100周年 集中豪雨により博多駅周辺地区に水害発生	平成11
	九州・沖縄サミット福岡蔵相会合開催	平成12
JR九州本社機能の福岡統合 博多駅周辺地区におけるソフト系IT企業集積全国４位にランク	福岡市の人口135万人を突破 福岡商品取引所下関市から移転開設 世界水泳福岡大会開催	平成13
		平成14
福岡国際会議場開館	集中豪雨により博多駅周辺地区に水害発生	平成15
	福岡市新・基本計画策定	平成16
福岡ソフトバンクホークスス誕生	福岡県西方沖地震	平成17
		平成18
		平成19
博多城山ホテル跡にアクア博多がオープン	釜山広域市と姉妹都市締結	平成20
	第１回日中韓サミットが開催	平成21
		平成22
	九州大学伊都キャンパスがオープン	平成23
電気ビル共創館がオープン		平成24
		平成25
福岡マラソン初開催	国家戦略特区に指定される 福岡市こども病院が開院	平成26

※『新・福岡都心構想』の《都心の変遷》をもとに作成

福岡都心における変遷（1980年～2014年）

西暦	交通	商業
1980	福岡都市高速道路一部供用開始（香椎～東浜）	
1981	地下鉄１号線開業（室見～天神）	
1983	地下鉄1号線全線開業（姪浜～博多仮） 筑肥線と相互直通運転開始 筑肥線（博多～姪浜）廃止	
1985		
1986	地下鉄２号線全線開業	
1987	国鉄分割民営化で九州旅客鉄道㈱JR発足 福岡都市高速道路天神北ランプ開業（築港～天神北）	
1988	博多臨港鉄道廃止	
1989	福岡都市高速道路（西公園～百道）供用開始	ソラリアプラザオープン、 イムズオープン
1990	博多～釜山間に「かめりあ」就航	
1991	博多～釜山間に「ビートルII世号」就航 「かもめ族」「有明族」という新語が一般化	ベイサイドプレイス博多ふ頭オープン
1992	特急「つばめ」（787系）ﾃﾞﾋﾞｭｰ	
1993	地下鉄１号線福岡空港へ延伸 博多港国際ターミナル開業	
1995		
1996		キャナルシティ博多オープン 岩田屋Zサイドオープン
1997	新西鉄福岡駅開業 西鉄天神バスセンター新装オープン	博多大丸エルガーラオープン 福岡三越オープン
1998	スカイマークエアラインズ福岡～羽田間就航	
1999	九州自動車道と福岡都市高速が太宰府ICで直結 福岡都市高速道路延伸に伴う高速バスダイヤ改正 福岡空港国際旅客ターミナル供用開始 地下鉄・西鉄大牟田線・西鉄バス共通カード「よかネットカード」発売 都心部100円バス登場	博多リバレインオープン ソラリアステージビルオープン 福岡玉屋閉店
2000	高速ﾊﾞｽ9路線で1,000円・1,500円運賃値下	
2001	地下鉄・JR九州共通カード「ワイワイカード」発売 JR「２枚きっぷ・４枚きっぷ」発売（往復割引の拡大） 西九州自動車道と福岡都市高速が直結	
2002	九州自動車道と福岡都市高速が福岡ICで直結 博多～釜山に「KOBEE」就航	
2003	福岡～釜山高速船日韓４隻体制に	
2004	九州新幹線 新八代～鹿児島中央開業 西鉄ﾊﾞｽ「ひるパス」発売	岩田屋新館オープン bivi福岡オープン
2005	福岡市営地下鉄３号線開業（橋本～天神南）	「新・天神地下街」オープン ミーナ天神オープン
2006	地手鉄全線乗り放題定期券「ちかパス」発売 地下鉄線・隣の駅まで100円「おとなりきっぷ」発売	福岡玉屋跡に商業施設ゲイツがオープン
2007		
2008		
2009	福岡空港での滑走路増設案が決定	
2010		福岡パルコオープン
2011	九州新幹線 博多～鹿児島中央全線開業	博多阪急オープン キャナルシティ博多イーストビルがオープン
2012	福岡都市高速が環状線として供用開始 博多港の長期構想がまとまる 地下鉄七隈線の延伸工事に着工	ノース天神がオープン
2013	欧州への初の直行便・アムステルダム線が就航	
2014		

Special Report

福岡の国際競争力の「現在」と「未来」

福岡アジア都市研究所
上席主任研究員
情報戦略室長
久保隆行

福岡アジア都市研究所は、福岡地域の持続的な発展を目指してグローバルな観点から、福岡の国際競争力に関する研究に取り組んでいる。Fukuokaの「現在」のグローバルなポジションと、「未来」へ向けた競争戦略の方向性について明らかにする。

グローバル競争戦略の観点が必要な福岡

福岡市は、政令指定都市のなかで、最も高い人口増加率を記録している。生活満足度の高さ、アジアへのゲートウエーとしての国際性、大企業の支店やＩＴ企業の集積などを加え、日本の「ライバル」都市のなかでは優位な位置にある。

一方、世界のグローバル40都市をランク付けする『世界の都市総合力ランキング』での総合順位は36位と低い。だが、この順位の低さを気にする必要はない。なぜならば、このランキングで評価されている都市のほとんどは、その国の首都あるいは経済首都であり、日本の一政令指定都市とは性質が全く異なるためだ。企業経営でいえば、世界のそうそうたるグローバル企業群のなかで、日本の準大手企業の順位を探っているようなものだ。企業のグローバル競争戦略立案と同様に、都市経営においても自陣の正しい位置を把握したうえで、ベンチマークとなるライバルを見い出し、競争戦略を立案しなければならない。

Ｆｕｋｕｏｋａの真のグローバル・ポジションは「第３極」にある

では、世界におけるＦｕｋｕｏｋａは、どのようなポジションにいて、どのような都市をベンチマークするべきであろうか。先述の『世界の都市総合力ランキング』のほかに世界の「都市ランキング」で「グローバル都市」として評価・順位付けされている都市は、ざっと１００存在する。これら

図表1 Fukuokaのグローバル都市としてのポジション

① 世界の主要な「都市ランキング」に評価されているグローバル都市(102)
②-a 首都(50)
Abu Dhabi
Addis Ababa
Amsterdam
Athens
Bangkok
Beijing
Berlin
Bogota
Brussels
Bucharest
Budapest
Buenos Aires
Cairo
Caracas
Copenhagen
Delhi
Dhaka
Doha
Dubai
Dublin
Hong Kong
Jakarta
Kinshasa
Kuala Lumpur
Kuwait City
Lima
Monaco
London
Madrid
Manama
Manila
Mexico City
Monaco
Moscow
Oslo
Panama City
Paris
Prague
Riyadh
Rome
Santiago
Seoul
Singapore
Stockholm
Taipei
Tokyo
Tunis
Vienna
Warsaw
Washington DC
②-b 第1都市(14)
Auckland
Ho Chi Minh City
Istanbul
Johannesburg
Karachi
Lagos
Lisbon
Nairobi
New York
Sao Paulo
Sydney
Tel Aviv
Toronto
Zurich
②-c 首都・第1都市に該当しない都市(38)
Bangalore
Chennai
Chicago
Chongqing
Dallas
Guangzhou
Houston
Incheon
Kolkata
Lahore
Los Angeles
Miami
Milan
Mumbai
Nagoya
Osaka
Philadelphia
Rio de Janeiro
San Francisco
Shanghai
Shenzhen
Tianjin
③ 都市圏人口500万以下の都市(16)
④-a 高度世界都市(3)
Boston 高度研究・教育クラスター
Frankfurt 国際金融センター
Geneva 国際政治ハブ
④-b 高度世界都市に該当しない都市(13)
Atlanta
Birmingham
Busan
Cape Town
Krakow
⑤ 居住評価の高い都市(8)
Barcelona*
Fukuoka*
Hamburg
Melbourne*
Montreal
Munich*
Seattle*
Vancouver*
* IRBC加盟都市(6)

出所 (公財)福岡アジア都市研究所作成

の都市のなかで、首都あるいは経済首都ではなく、都市圏人口500万以下の都市は、16しかない。これらのなかから、ジュネーブなど極めて高度な世界都市機能を持つ3つの都市を除き、さらに、『MONOCLE』や『MERCER』などの住みやすい都市ランキングで上位に評価された都市は、Fukuokaを含んで8都市しかない(図表1)。

筆者はこれらの都市を、首都・経済首都として国家の覇権争いを担う第1級のグローバル都市群でもなければ、トップ集団の座を虎視眈々と狙う新興国のメガ・シティでもない、「第3極」のグローバル都市集団であるととらえている。Fukuokaは、「第3極」の都市としての国際競争力を備えるべきではないか。

シアトルに「仲間」として認められた福岡

2008年、アメリカ・ワシントン州シアトルを本部として、「国際地域ベンチマーク協議会」(IRBC：International Regions Benchmarking Consortium)が設立された。都市の規模や経済特性などにおいて、類似性を有する世界の10地域で構成される国際的な都市ネットワークである。シアトルはこのネットワークに、日本の多くの都市のなかから福岡を「仲間」として選んだ。IRBCに加盟している10都市のなかで、首都に該当するのはダブリン、ストックホルム、ヘルシンキのみであり、その他は首都ではない。これらのテジョン（韓国）を除く、シアトル、バンクーバー、メルボルン、ミュンヘンおよびバルセロナは、福岡とともに先述した「第3極」のグローバル都市集団と見事に一致する（図表2）。

これらの都市は、何れも首都でないがために、人口・経済が過度に集中しないことを、都市の魅力としながら自立的に発展してきた。シアトルは、米国ではいわずと知れた、ボーイング、マイクロソフト、スターバックス、アマゾンなどの発祥の地だ。同様に、BMW、フォルクスワーゲン、シーメンスを輩出してきたミュンヘン、都市再生のモデルを築き上げたバルセロナ、そして、世界で最も高い人種の多様性を背景にイノベーションを進めるメルボルンとバンクーバー。これらの世界の「第3極」の都市集団のなかでの福岡の「現在」の国際競争力を正しく把握したうえで、「未来」に向けた戦略を立案することが求められている。

図表2 IRBC「第3極」の都市集団

出所 *1. Provided by the City of Fukuoka. *2. By Rattlhed at en.wikipedia [Public domain], from Wikimedia Commons
*3. By No real name given [CC-BY-2.0], via Wikimedia Commons *4. Copyright City of Melbourne 2010.
*5. By David Kostner [CC-BY-SA-2.0-de], via Wikimedia Commons *6. By Marrovi (Own work) [CC-BY-SA-2.5-mx], via Wikimedia Commons

図表3 IRBC「第3極」の6都市データ

指標	単位	Fukuoka	Seattle	Vancouver	Melbourne	Munich	Barcelona	主要出所（主要年次）
基本情報								
1 各地域定義都市圏人口	千人	2,476	3,780	2,313	4,347	2,730	3,226	各都市圏（2013）
2 各地域定義都市圏面積	km^2	1,170	16,232	2,883	9,991	5,501	634	各都市圏（2013）
3 各地域中心市人口	千人	1,514	634	603	116	1,388	1,615	各市（2013）
4 各地域中心市面積	km^2	340	369	115	37	310	102	各市（2013）
生活の質								
1 平均年齢	歳	41.9	37.0	40.2	36.0	41.9	36.5	各地域都市圏データ（2011）
2 高齢者比率	%	24.7	12.7	15.9	14.4	19.6	17.5	OECD（2012）各州データ
3 人口増加率	%	0.72	1.22	1.61	1.98	1.02	1.08	OECD（2000-2010）
4 合計特殊出生率	数値	1.41	1.88	1.61	1.93	1.38	1.32	World Bank（2012）各国データ
5 年間平均労働時間	時間	1,735	1,788	1,706	1,676	1,388	1,665	OECD（2013）各国データ
6 一人当たり世帯年間平均可処分所得	US$	15,124	31,307	21,421	21,942	22,338	18,344	OECD（2011）各州データ
7 一人当たりGDP	US$	33,665	65,315	41,084	41,374	54,526	36,280	Global Metro Monitor（2012）
8 家賃水準	指数	21.3	57.2	54.7	58.3	46.8	32.6	Numbeo（2014）
9 食料雑貨類価格水準	指数	96.3	97.2	111.2	113.6	87.2	68.5	Numbeo（2014）
10 外食価格水準	指数	48.1	80.0	84.9	97.4	90.4	78.5	Numbeo（2014）
11 寄附金額の対GDP比（国別）	%	0.22	1.85	1.17	0.17	0.13	0.87	ジョンズ・ホプキンス大学
12 人口当たり殺人件数	件/百万人	8.6	33.9	11.6	80.0	18.7	45.2	各中心市データ（2012, 2013）
13 地震発生頻度	4段階評価値	2	2	1	1	1	1	コロンビア大学（2005）
14 洪水発生頻度	4段階評価値	2	3	1	2	3	3	コロンビア大学（2005）
15 台風（サイクロン）発生頻度	4段階評価値	4	1	1	1	1	1	コロンビア大学（2005）
16 人口当たり医師数	人/千人	2.57	2.64	2.07	3.42	3.95	2.97	OECD（2010）各州データ
17 出生時平均余命	歳	82.9	79.9	82.3	82.4	81.2	82.7	OECD（2013）各州データ
18 快適気温月数	月数	4	4	4	5	3	3	World Weather Information Service
19 平均年間雨天日数	日数	111.2	152.0	166.0	138.7	129.4	72.0	World Weather Information Service
20 市域中心部の緑地の比率	%	7.1%	7.3%	8.4%	6.7%	14.9%	12.0%	World Topographic Map
21 市域中心部の水面の比率	%	26.9%	36.7%	25.6%	17.6%	2.3%	29.9%	World Topographic Map
22 都市圏人口密度	km^2/人	2,116	233	802	435	496	5,088	各地域都市圏データ（2013）
23 人口当たりの鉄道駅数（トラム除く）	数/10万人	4.62	1.89	3.31	3.57	2.02	7.43	各中心市データ（2014）
24 一人当たり年間CO_2排出量	ton/年・人	5.46	11.32	13.44	20.35	8.48	5.74	OECD（2008）
25 PM2.5年間平均観測値	μg/m^3	18.38	6.02	6.8	4.6	21.07	14.88	OECD（2005）
都市の成長								
26 100km圏内の世界遺産	数	0	1	0	1	2	2	UNESCO（2014）
27 文化（歴史）資源	数	29	46	53	38	48	84	Tripadvisor（2014）
28 ランドマーク	数	12	26	19	24	35	47	Tripadvisor（2014）
29 アウトドア	数	25	63	27	33	14	26	Tripadvisor（2014）
30 ホテル件数	数	115	293	221	447	428	982	Hotels.com、Expedia.com（2014）
31 ミュージアム	数	13	29	21	30	40	75	Tripadvisor（2014）
32 シアター・ホール	数	4	17	30	19	16	40	Tripadvisor（2014）
33 グルメレストラン件数	数	3,262	3,431	2,811	4,035	2,756	6,070	Tripadvisor（2014）
34 スタジアム数（1万席以上）	数	2	6	4	8	4	5	Worldstadiums.com（2014）
35 オリンピック大会開催実績	数	0	0	1	1	1	1	Olympic.org（2014）
36 地域名の検索ヒット件数	百万ヒット	315	2,322	1,590	1,982	953	4,141	Google（2014）
37 労働力人口増加率	%	0.55	1.41	1.98	2.14	1.68	1.76	OECD（2000-2010）
38 人口に占める労働力人口の割合	%	49.7%	52.7%	56.3%	54.6%	53.1%	51.6%	OECD（2010）
39 労働者に占める高校卒以上の割合	%	78.9	89.5	91.2	77.2	86.3	58.7	OECD（2013）各州データ
40 従業者一人当たりGDP（生産性）	US$	71,034	129,269	79,848	77,528	92,872	85,460	Global Metro Monitor（2012）
41 GDP成長率	%	1.33	1.90	2.38	2.04	1.04	1.63	OECD（2000-2010）
42 Fortune Global 500企業本社数	数	0	2	0	3	4	1	Fortune（2014）
43 地域内売上金額最大企業の売上金額	百万US$	2,477	77,849	10,713	65,968	134,636	33,148	Fortune（2014）
44 人口当たり年間特許申請件数	数/百万人	139	436	128	107	494	93	OECD（2008）
45 年間新規開業率（国別）	%	4.0	13.0	8.0	14.0	12.0	6.0	厚生労働省（2007）各国データ
46 法人税実行税率	%	35.64	40.00	26.50	25.00	29.58	30.00	KPMG（2014）
47 QS大学ランキング掲載大学	数	1	1	2	7	2	3	QS World Universities（2014）
48 QS大学ランキング最上位校の順位	順位	126	65	43	33	52	166	QS World Universities（2014）
49 人口に占める外国生まれの居住者の割合	%	1.7%	16.0%	42.7%	36.7%	23.0%	15.3%	各地域都市圏データ（2011）
50 QS大学ランキング最上位校留学生比率	%	9.2%	14.3%	18.8%	14.5%	14.6%	17.9%	各大学（2014）
51 年間国際会議開催件数	件	23	16	49	54	78	154	ICCA(2013)
52 訪問者数（国内から）	千人	4,568	8,319	5,271	7,320	3,444	2,726	各中心市データ（2012）
53 訪問者数（海外から）	千人	692	481	3,298	1,894	2,858	7,139	各中心市データ（2012）
54 国内線年間旅客数	千人	14,439	29,975	9,316	22,464	9,775	11,492	航空統計要覧（2012）
55 国際線年間旅客数	千人	2,978	3,248	8,426	6,942	28,586	23,640	航空統計要覧（2012）
56 国内線直行便就航都市数	数	16	103	38	33	15	23	OAG（2014）
57 同大陸内国際線直行便就航都市数	数	17	19	31	7	132	119	OAG（2014）
58 大陸間国際線直行便就航都市数	数	3	16	21	23	48	32	OAG（2014）
59 主要空港滑走路本数	数	1	3	3	2	2	3	各空港情報（2014）
60 主要空港へのアクセス時間	分	11	32	20	20	35	35	各市情報（2014）

出所（公財）福岡アジア都市研究所（データの詳細な出所については、『都市政策研究16号』pp.27-32に記載

「生活の質」の高さに「都市の成長」の壁

次に、各種都市ランキングで採用されている「都市の指標のスコア化」によって、「第3極」のIRBC都市のなかでの、福岡の「現在」の相対的な評価を行ってみよう。

ここでは、2012年の「福岡市基本計画」の基本戦略である、「生活の質の向上と都市の成長の好循環を創り出し、福岡都市圏全体として発展し、広域的な役割を担う」ことに沿って、「生活の質」と「都市の成長」という2つの軸を設定して評価を行うこととする。この2つの軸を構成する60の指標（図表3）の比較を行い、指標ごとのスコアを100点満点に換算して2軸での平均スコアを集計した（図表4）。

結果として、「生活の質」において福岡は、その他5地域と同等のスコアを有するものの、「都市の成長」においては一定の格差が認められた。

福岡の「未来」に向けた課題は、高い「生活の質」を維持しながら、「都市の成長」を持続的にもたらすことにほかならない。

「コンパクト・シティ」は「スマート・シティ」への過渡期

6都市の比較において、福岡の「コンパクト・シティ」としての指標値が高い（図表5）。福岡都心部は、陸・海・空の

図表4 Fukuokaの「現在」の国際競争力

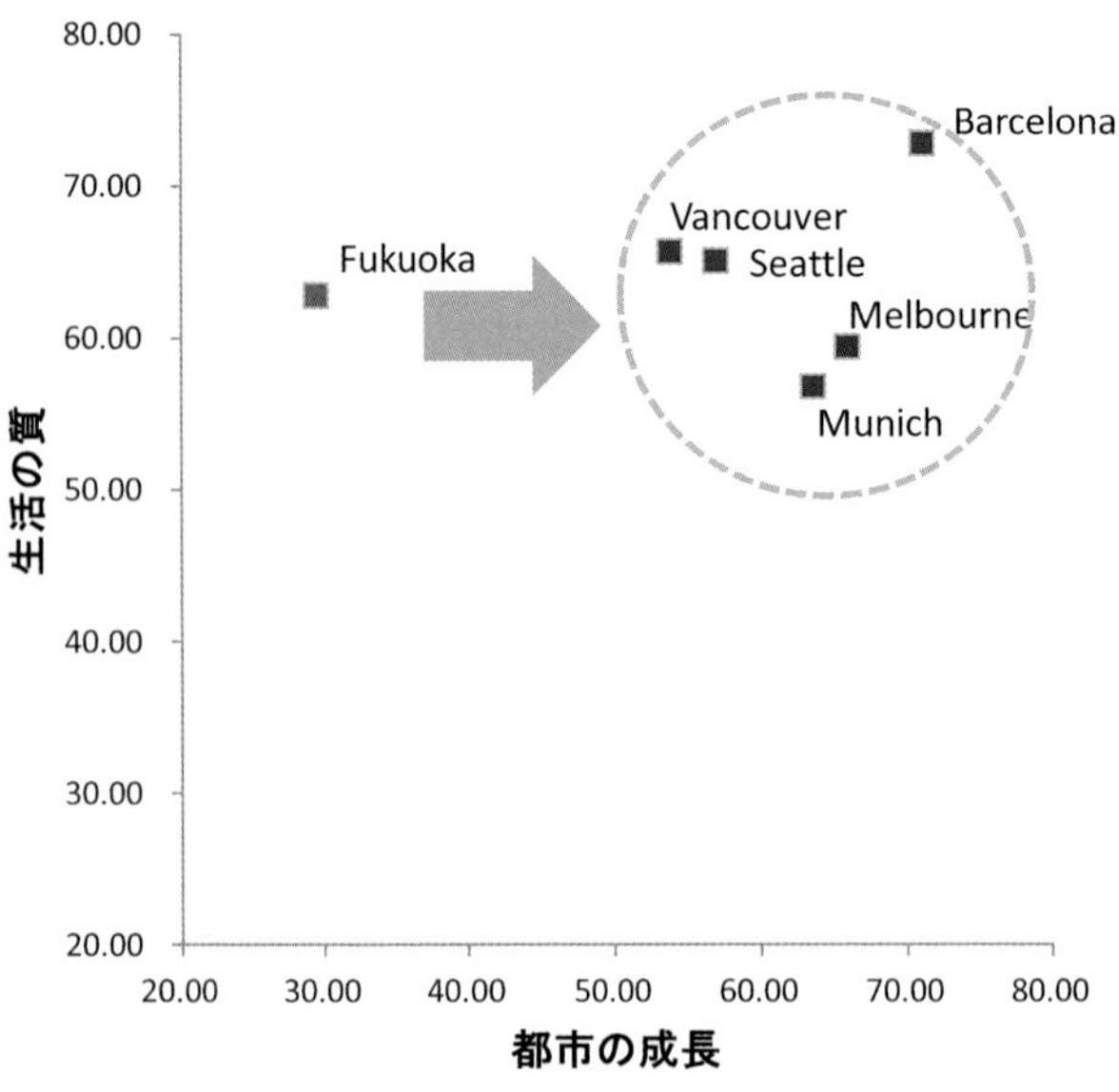

出所（公財）福岡アジア都市研究所作成

玄関である博多駅・博多港・福岡空港が半径２・５ｋｍ内に集約され、６都市のなかでもコンパクトさが光っている。さらに、市中心部から半径10ｋｍ内の緑地や水辺からなる自然環境の占める割合も比較都市と同等に高い（図表６）。これらの優位な指標値のさらなる上昇は、より高い「生活の質」を実現するとともに、福岡市の魅力向上にもつながるであろう。

　福岡は、そのコンパクトさを維持しながら、増加し続ける人口を受け入れつつ、都市の安全性・利便性を維持・向上させなければならない。同時に、需要増にともなう地価や物価の極度な上昇も抑える必要がある。これらを実行す

図表5「コンパクト・シティ」にかかわる指標比較

出所（公財）福岡アジア都市研究所作成

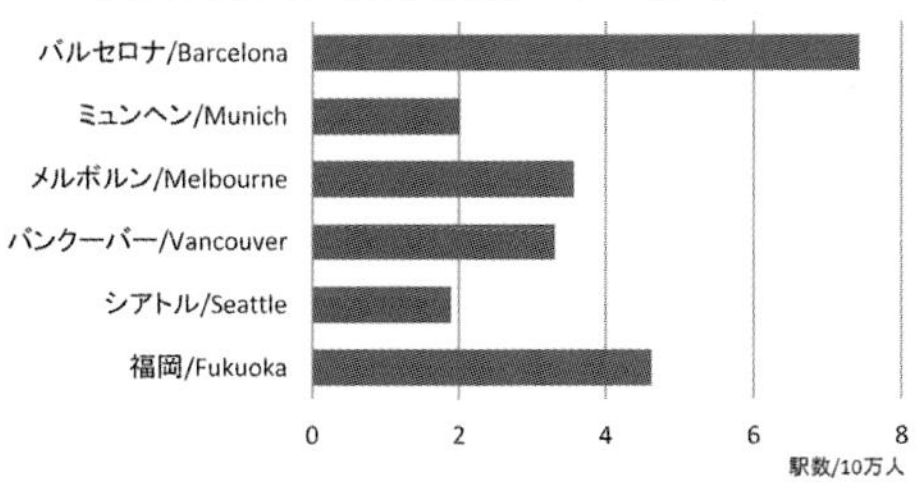

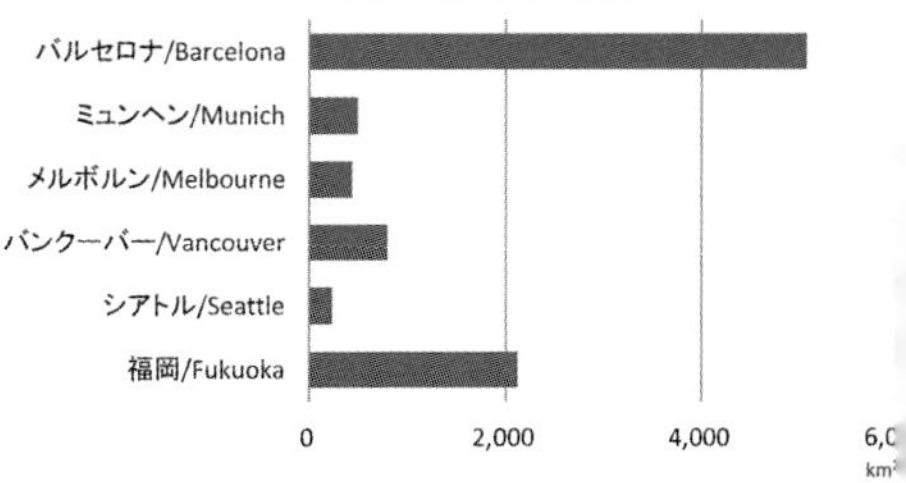

図表6 市中心部より10km圏の緑地・水面の占有率比較

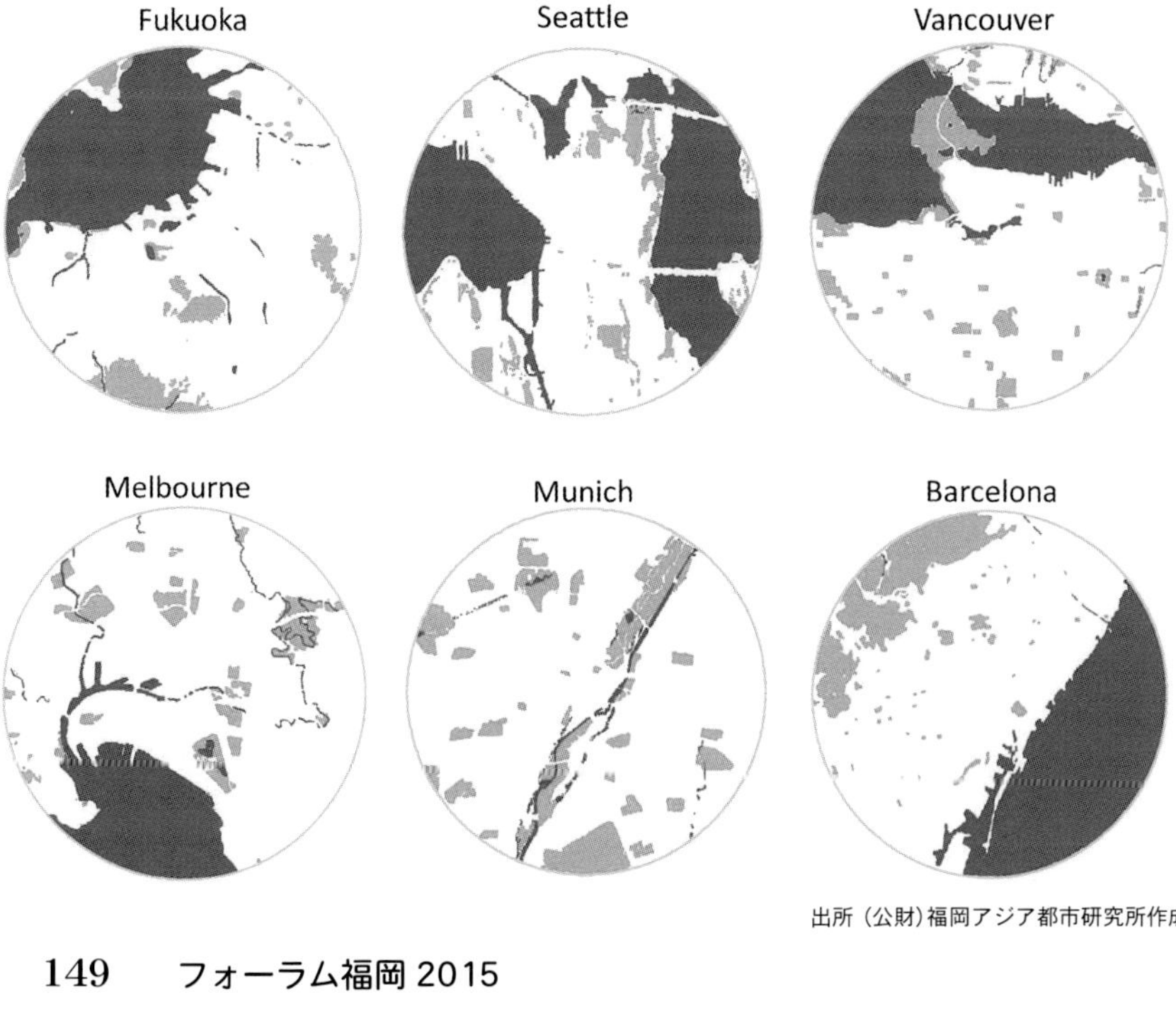

出所（公財）福岡アジア都市研究所作成

るために、福岡都心部の再生は極めて有効である。動き出した博多駅地区・天神地区・ウォーターフロント地区の再生を機に、より多くの人が住まい、働き、学び、楽しめる空間を整備するべきである。

２０１４年11月にミュンヘンで行われたＩＲＢＣ総会では、各都市の「スマート・シティ」に向けた取り組みについて情報交換がなされた。「スマート・シティ」の形態はさまざまであるが、「コンパクトな空間に多くのアイデアを持つ人々がインタラクティブに共存することによって、多くのイノベーションを引き起こす都市」という理解が広がりつつある。ストックホルムでは、「イノベーションの80％はオフィス外で創造される」として、徒歩圏内での多用途な空間整備の重要性が報告された。福岡は、ＩＲＢＣ都市として、「スマート・シティ」の必要条件をすでに多く備えており、実現への過渡期であると考えて良い。都心再生は、その仕上げに向けた重要なフェーズである。

「オンリー・ワン」のＭＩＣＥ戦略を

6都市のなかで評価の低い「都市の成長」において、福岡の観光・集客にかかわる指標値の低さが目立っている（図表7）。このギャップを埋めるために、ＭＩＣＥ戦略は重要である。福岡市は、国から「グローバルＭＩＣＥ戦略都市」に選定されているが、「グローバルＭＩＣＥ強化都市」も含めると全国で7つもの自治体が選定されている。その他多くの自治体でも、ＭＩＣＥは重要な地域戦略である。当然、福岡は「オンリー・ワン」のＭＩＣＥ戦略を立案しなければ、海外はおろか国内でも埋もれてしまう。

ＭＩＣＥの柱となる国際会議において、福岡は東京に次いで国内2位の開催件数であるが、6都市の比較においては、1位のバルセロナとは6倍以上の開きがある。バルセロナは世界で5位の国際会議件数を誇るＭＩＣＥ都市である。ベンチマークするには目標が高すぎるかもしれないが、福岡の国際コンベンション機能は、バルセロナと同様に都心部からきわめて近いウォーターフロント地区に集約しており、類似点が多い。ただし、バルセロナでは、コンベンション機能・商業機能に加えて、ケーブルカーによるアクセスや、歴史博物館、コンドミニアムなどの複合的な用途構成を実現することによって、地区の高い賑わいを創出している（図表8）。ウォーターフロント地区で計画されている第2期展示場の整備を、単なる施設の拡張に終わらせてはならない。都心再生とともに、観光を含めた複合的な魅力のあるゾーンへと発展させてほしい。

国際ゲートウエー機能もＭＩＣＥ機能の一部である。福岡空港は、６都市のなかでも最も都心からのアクセスが良い空港であるが、機能面では見劣りする。予定されている滑走路の増設が実現すれば、ベンチマーク５都市との機能上の格差は縮小する。さらに、増加する発着枠を国際線に配分することができれば、国際線旅客は倍増し、ＭＩＣＥ戦略に着実に寄与するはずだ。

図表7　MICE・観光にかかわる指標比較

出所（公財）福岡アジア都市研究所作成

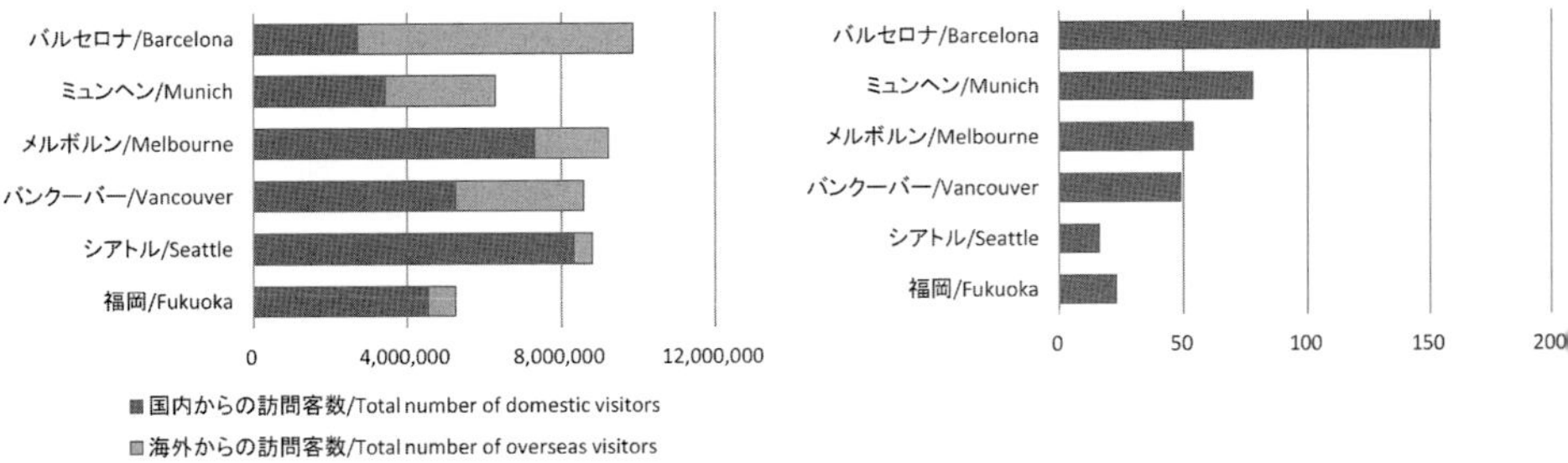

図表8　バルセロナのコンベンションおよびウォーターフロント地区

出所（公財）福岡アジア都市研究所撮影

都市の「ユーザー」の変革がイノベーションをもたらす

ここまで主に都市のハード面について議論した。しかし、「都市の成長」のために必要不可欠なイノベーションは、都市に居住し、その機能を使いこなす「ユーザー」によって創出される。だが、イノベーションにかかわる福岡の指標値は、

6都市のなかでは高くない（図表9）。多様な人材の集積は、異なる文化や価値観の衝突によって新しいアイデアを生み、イノベーションへと導く。都市はそのための大きなプラットフォームだ。5都市の海外人材の割合は福岡と比較して総じて高い。福岡の外国人居住者割合は1・7％に過ぎないが、九州大学の学生の約1割はすでに留学生である。福岡女子大学は、1年次において全学生を留学生とともに全寮制とした。グローバル化に最も早く対応しているのは大学である。この動きに産・官が早期に追随しなければならない。しかし、グローバル化対応として、外国人を職場やコミュニティーに受け入れることは簡単ではない。福岡の「ユーザー」の変革が必要となる。

　国家戦略特区は、福岡がイノベーティブな都市へと発展するためのブレーク・スルーとなりえる。福岡市は、今後5年間で開業率を現状の2倍の13％に増やすことを目標に掲げた。スタートアップ法人減税や外国人創業人材の在留資格の見直しなどの規制改革抜きでは実現は困難であろう。また、「雇用労働相談センター」の設置による雇用条件の明確化は、「ユーザー」の雇用に対する意識変化をもたらす効果が期待できる。より流動性の高い雇用環境を形成し、より多くの多様な「ユーザー」を受け入れるかどうかは、すべて私たち「ユーザー」次第である。そのことが特区で試されている。

図表9 イノベーションにかかわる指標比較

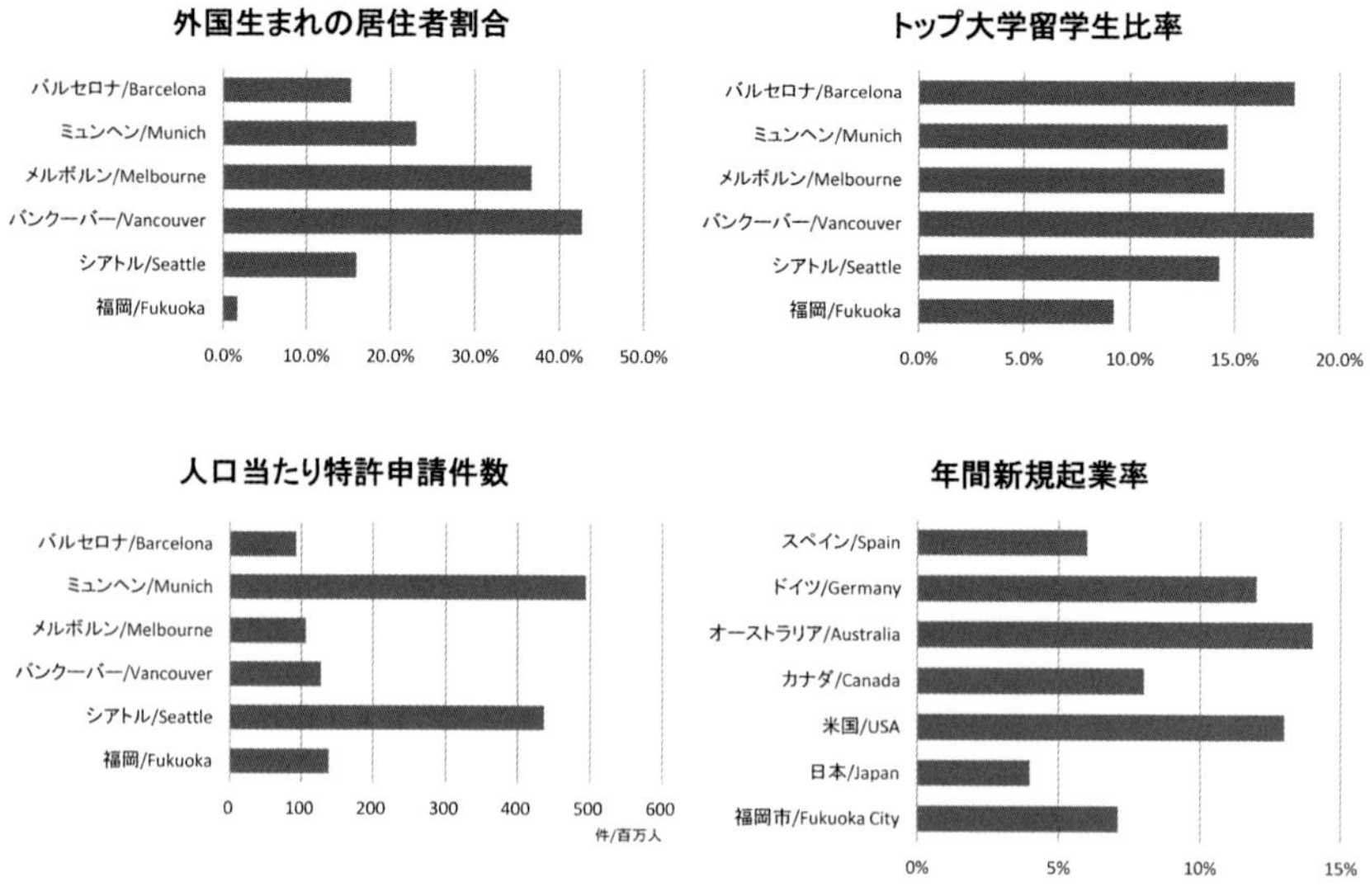

出所（公財）福岡アジア都市研究所作成

国際競争力の高いＦｕｋｕｏｋａへの「未来」シナリオ

では最後に、現在の福岡が、高い国際競争力を備えた「第3極」の都市として未来に向けて発展するシナリオを描いてみたい。

まず、比較的確実に実現しそうなシナリオとして、福岡空港の整備や都心再生によって、国際線旅客数、海外からの訪問者数、国際会議件数、外国人居住者数などの大幅な増加が見込まれ、倍増も可能である。これらに加え、特区政策によって新規起業件数の倍増、法人税実効税率の半減などが実現すれば、さらに多くの指標が連動して向上するであろう。これにともない、労働力人口やＧＤＰなどの社会・経済指標を20％上昇させることができれば、Ｆｕｋｕｏｋａは、シアトルやバルセロナのような世界から一目置かれる都市へと発展しているにちがいない（図表10・11）。

図表10　福岡の「未来」シナリオ

■インフラ整備による上昇が見込まれる指標	
＜福岡空港の整備＞	
主要空港滑走路本数	1本⇒2本
国内・国際線年間発着数	現在の1.2倍
国際線年間旅客数（発着増加分を国際線に充当）	現在の2倍
国際線直行便就航都市数	現在の2倍
＜国際展示場の整備＞	
国際会議件数	現在の2倍
■特区政策で強化される指標	
新規起業率	現在の2倍（13%）
法人税実効税率	15%
■連動する指標	
海外からの訪問者数	現在の2倍
外国人居住者の割合	9%（九州大学の留学生割合）
トップ大学の留学生割合	現在の2倍
トップ大学のグローバル評価	100位以内
特許申請件数	現在の1.2倍
Fortune Global 500本社数	0⇒1
観光・文化資源の定性的評価値	現在の1.5倍
世界遺産数	0⇒1（宗像・沖ノ島）
ホテル件数	現在の2倍
人口増加率	現在の1.2倍
労働力人口増加率	現在の1.2倍
労働力人口の割合	現在の1.2倍
都市圏人口密度	現在の1.2倍
年間平均可処分所得	現在の1.2倍
一人当たりGDP	現在の1.2倍
従業者当たりGDP（労働生産性）	現在の1.2倍

出所（公財）福岡アジア都市研究所作成

図表11 シナリオにもとづくFukuoka の「未来」の国際競争力

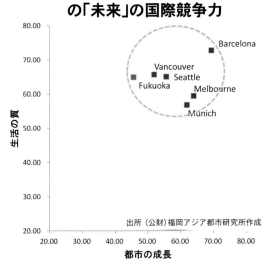

出所（公財）福岡アジア都市研究所作成

FORUM FUKUOKA

福岡／九州の未来をデザインする
【パブリック・アクセス誌】

隔月刊
奇数月末
発 行

フォーラム福岡

MEDIA GUIDE

福岡／九州の未来をデザインする

産業界

学　界

行　政

フォーラム福岡…
《福岡/九州の未来をデザインする》を目的に産学官で構成された任意の研究会です。福岡/九州にとってよりよい未来を創り出していくために様々な課題やプロジェクトに焦点を当て、多面的かつ建設的に問題提起をしていきます。

『フォーラム福岡』編集委員会
代表　原　正次（九州経済連合会参与）
委員　出口　敦（東京大学大学院新領域創成科学研究科教授）
委員　坂口光一（九州大学大学院統合新領域学府教授）
委員　田村　馨（福岡大学商学部教授）
委員　後藤太一（リージョンワークス合同会社代表社員）

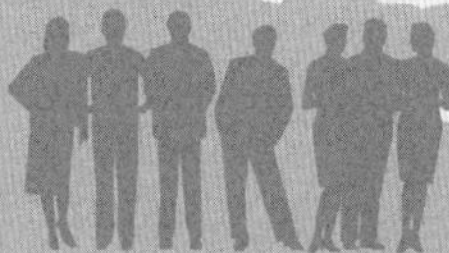

市　民

（意見・要望）

（情報発信）

事務局＆編集・発行
Project Fukuoka プロジェクト福岡

「フォーラム福岡」流通経路

販売先および納入先	部　数（割合）
書店・ローソン	2,000部（20%）
福岡県庁・福岡市役所	2,700部（27%）
地元大手企業	1,950部（20%）
中小企業・団体	340部（ 3%）
議員関係	100部（ 1%）
県市町村（九州）	116部（ 1%）
マスコミ関係	100部（ 1%）
一般読者（含定期購読）	2,694部（27%）
合　計	10,000部（100%）

「フォーラム福岡」発行地域

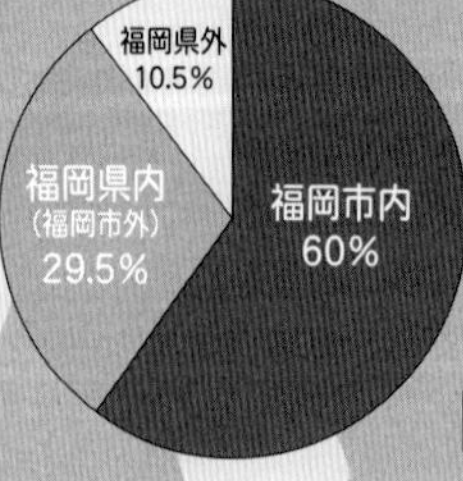

「フォーラム福岡」一般読者データ

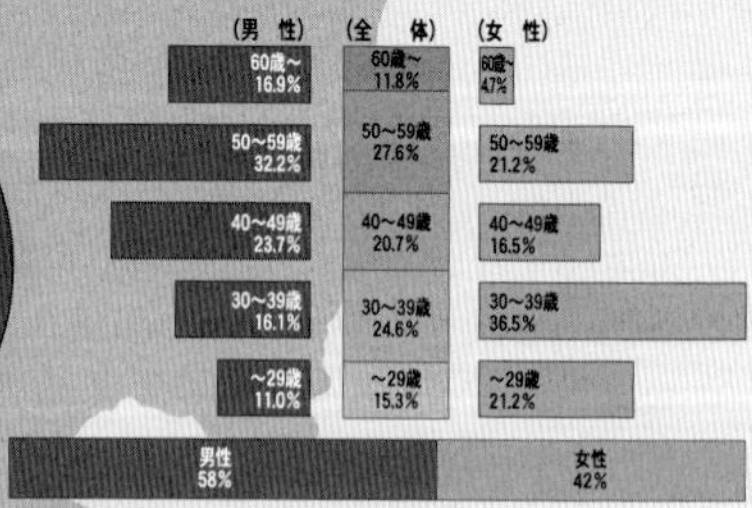

アンケート回答者プロフィール
回答数：88人
（うち男性55人：女性33人）
20歳代：7人/30歳代：8人/40歳代：19人
50歳代：26人/60歳代：20人/70歳代：7人/不明1人
福岡市内49人/福岡県内（除福岡市）19人
九州内（除福岡県）9人/九州外11人

enquête 【読者アンケート結果】

テーマ） 都心再生

福岡の都心再生では、容積率・建物の高さ・道路占有の緩和などがされていることを知っていましたか？

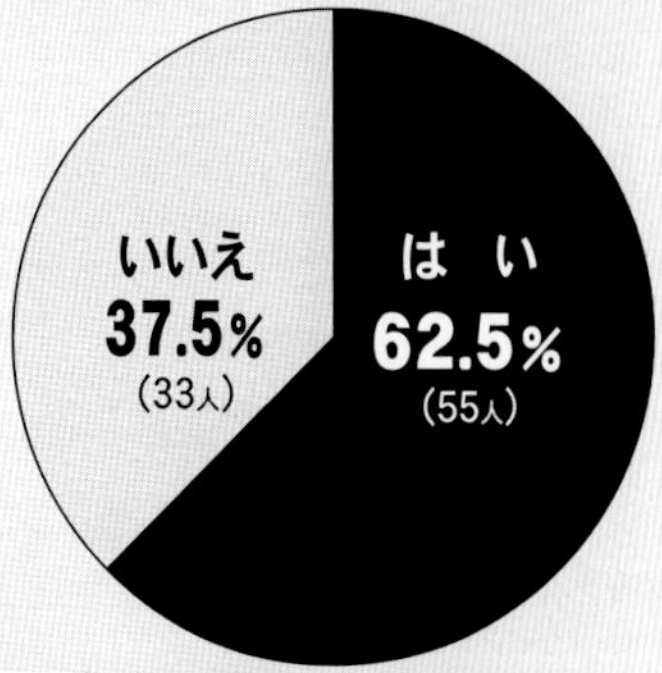

福岡の都心再生に向けた取り組みとして、有効と考える項目を選んでください（複数回答可）

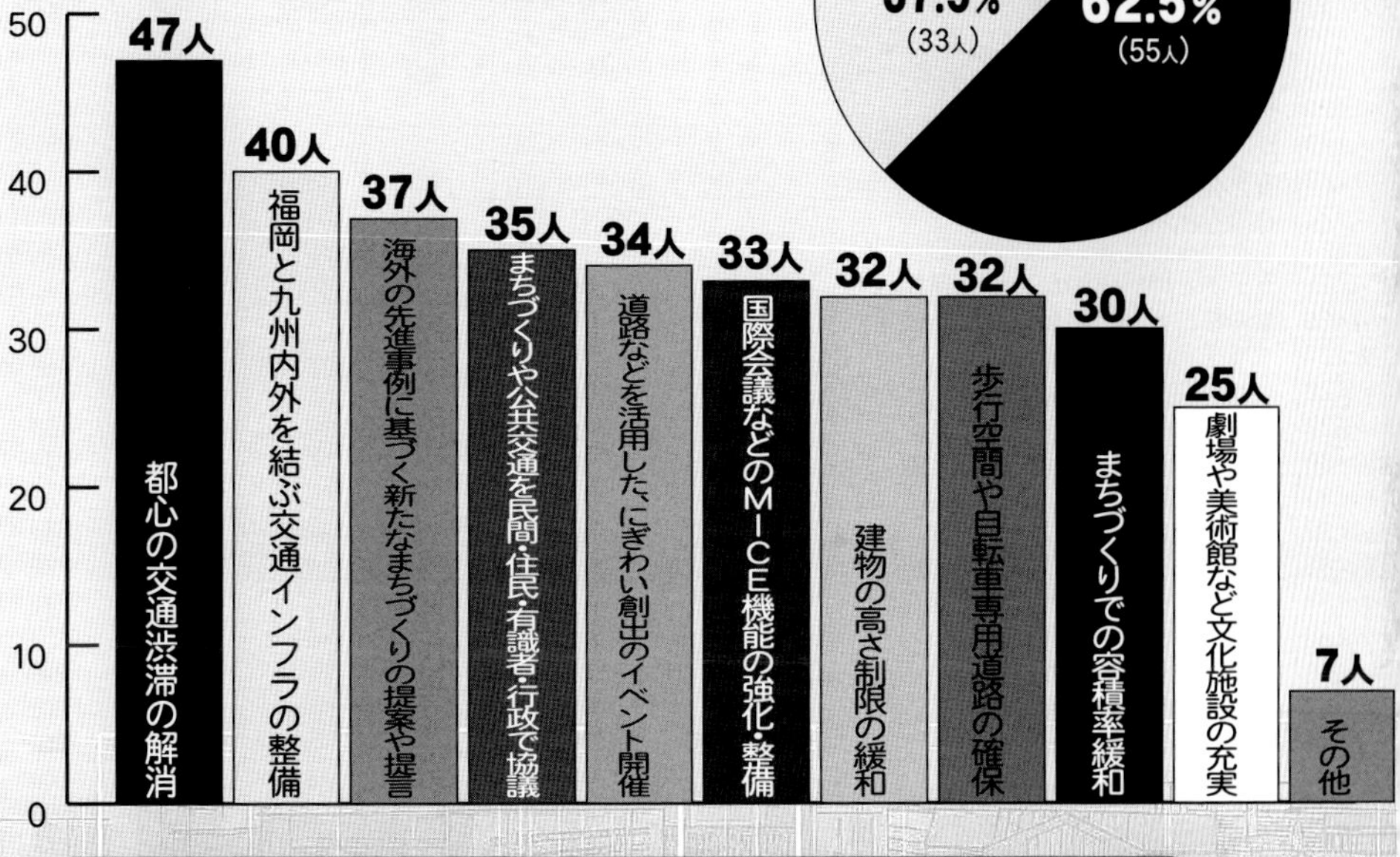

九州の未来に向けた取り組みや戦略についてのご意見・ご要望、アイデアetc

●福岡の発展なくして九州の発展はあり得ず、九州の発展なくして福岡の発展はありえない●いろいろな「場」で将来を「誰でも」が議論に参加できるまちづくりを望む●企業誘致や人材育成などに力を入れて、国際的にも福岡の知名度を高めて魅力的な都市にしたい●日本の中の九州でなく、世界の九州の視点で未来を考えていく事が大事だ●官民一体での街づくりを推進することが大切だと思う●都会的な港湾部、川沿いの整備に伴う都心エリアの拡張など、高層化では得られない面的広がりの充実を図る●高さ制限の緩和は本当に必要なのか疑問に思う●高層ビルが立ち並ぶ東京と同じようなまちにはならないでほしい●交通マナーの向上のために自転車のマナー徹底が必要だ●福岡はアジアからのお客様がお見えになる九州の窓口であり、空港と港のインフラの充実が喫緊の課題だ●国際都市に発展していくために訪日外国人や在日外国人と福岡在住の日本人をつなぐイベントを開催する必要と考える●子どもや女性、お年寄りの住みやすい街に向けた公共交通機関の充実●福岡のランドマーク観光資源として、天守閣を持つ福岡城をオリンピックまでには築城すべきである●バスレーンはあるものの上手く機能していないetc

2014年09月発行

号数	特集タイトル	発行年月	地域開発 都市開発	産業振興 経済活性化	交通観光 スポーツ	制度改革 地域振興
Vol.01	福岡「2005年」※	2004年09月発行	●		●	
Vol.02	[創造都市・フクオカ]に向けて※	2004年11月発行	●			
別冊	三都航路クルーズ記念号※	2005年01月発行			●	
Vol.03	福岡の「都市資産」を考える※	2005年02月発行	●			
Vol.04	アジアにつながる※	2005年03月発行		●	●	
Vol.05	観光立圏 九州の戦略	2005年05月発行			●	
Vol.06	環境にやさしいまちづくり	2005年08月発行	●			
Vol.07	九大学研都市の挑戦	2005年09月発行	●			●
Vol.08	新・福岡都心構想が描く近未来	2005年12月発行	●	●		
Vol.09	オリンピック招致への挑戦	2006年02月発行			●	
Vol.10	オリンピックを福岡・九州へ	2006年05月発行			●	
Vol.11	福岡空港が果たす役割	2006年07月発行	●	●	●	●
Vol.12	「道州制」への挑戦	2006年09月発行				●
Vol.13	カーアイランド九州の“いま”と“未来”	2007年03月発行		●		
Vol.14	まちづくりの可能性	2007年05月発行	●			●
Vol.15	スポーツ都市・ふくおか	2007年07月発行		~~●~~	~~●~~	~~●~~
Vol.16	いま、「環境」を考える	2007年09月発行		~~●~~		~~●~~
Vol.17	どうする!?“明日”の福岡空港	2007年11月発行	●	●	●	●
Vol.18	博多駅から始まる、『2011年の福岡』	2008年01月発行	●		●	
Vol.19	九州新幹線開業で変わる、福岡/九州の近未来	2008年03月発行	●		●	
Vol.20	私たちの『地方財政』入門	2008年05月発行				●
Vol.21	ヒトづくりで拓く、福岡/九州の近未来	2008年07月発行		●		●
Vol.22	博多港が舵取りする九州の未来航路	2008年09月発行	●	●	●	●
Vol.23	九州の未来を担う福岡空港	2008年11月発行	~~●~~	~~●~~	~~●~~	~~●~~
Vol.24	これからの九州の《戦略》と《カタチ》	2009年01月発行		●		●
Vol.25	アジアとの一体的な発展を目指して	2009年05月発行		●	●	●
Vol.26	臨海都市としてのまちづくり戦略	2009年07月発行	●		●	●
Vol.27	地域医療の存続に向けて	2009年09月発行		●		●
Vol.28	ヒトが育む『九州力』	2009年11月発行		●		●
Vol.29	Fukuoka/Kyushu 未来デザイン	2010年01月発行		●		●
Vol.30	文化が創造する都市の魅力	2010年03月発行		●		●
Vol.31	アジア新時代における、福岡／九州の針路	2010年05月発行		●		●
Vol.32	福岡がめざす『知識経済地域』	2010年07月発行		●		●
Vol.33	広域交流時代の福岡／九州の観光戦略	2010年09月発行		●	●	●
Vol.34	ヘルシー・アイランド九州を目指して	2010年11月発行		●	●	●
Vol.35	創造性で拓く次世代産業	2011年01月発行		●		●
Vol.36	福岡/九州の確かな未来	2011年03月発行		●	●	●
Vol.37	3・11で考える 福岡/九州の未来	2011年05月発行		●		●
Vol.38	『現場』からみた九州	2011年07月発行		●		●
Vol.39	《触媒》都市・福岡	2011年09月発行	●	●		●
Vol.40	アジアにつながる九州力	2011年11月発行		●	●	●
Vol.41	九州のブランド力	2012年01月発行		●	●	
Vol.42	九州のカタチ	2012年03月発行		●		●
Vol.43	九州がつながる	2012年05月発行		●	●	●
Vol.44	アジアがみつめる「福岡モデル」	2012年07月発行		●		●
Vol.45	おもてなしが世界の心をつかむ	2012年09月発行		●	●	●
Vol.46	中枢機能を担う福岡	2012年11月発行	●	●		●
Vol.47	ヒトから始まる九州のイノベーション	2013年01月発行		●		●
Vol.48	まちづくりのイノベーション	2013年03月発行	●	●		●
Vol.49	イノベーションを起こす！	2013年05月発行		●		●
Vol.50	地域力を高める〝都市生態系〟づくり	2013年07月発行	●	●	●	●
Vol.51	始まりは九州から	2013年09月発行		●		●
Vol.52	「生活」の中で考えるイノベーション	2013年11月発行		●		●
Vol.53	世界はピンホールから変わる	2014年01月発行		●	●	●
Vol.54	『MICE』都市を目指して	2014年03月発行		●		●
Vol.55	人が生み出す『都市の成長』	2014年05月発行		●		●
Vol.56	世界に通用する『福岡空港』へ	2014年07月発行		●	●	●
Vol.57	変革の〝芽〟をつかめ！	2014年09月発行		●		●
Vol.58	福岡都心の機能と役割	2014年11月発行	●	●	●	
備考）※Vol.01~Vol.04および別冊は定価310円です Vol.05~は、定価205円です。送料は実費請求です			18冊セットで 4005円+送料実費	41冊セットで 8510円+送料実費	24冊セットで 5235円+送料実費	39冊セットで 7995円+送料実費

お問い合わせ先&ご注文先 フォーラム福岡事務局（株式会社プロジェクト福岡内）TEL092-731-7770 フォーラム福岡 購読 検索

『フォーラム福岡』バックナンバーをテーマ別にセレクト注文できます！

『フォーラム福岡』バックナンバーは、FAX、インターネット、郵便でご注文いただけます

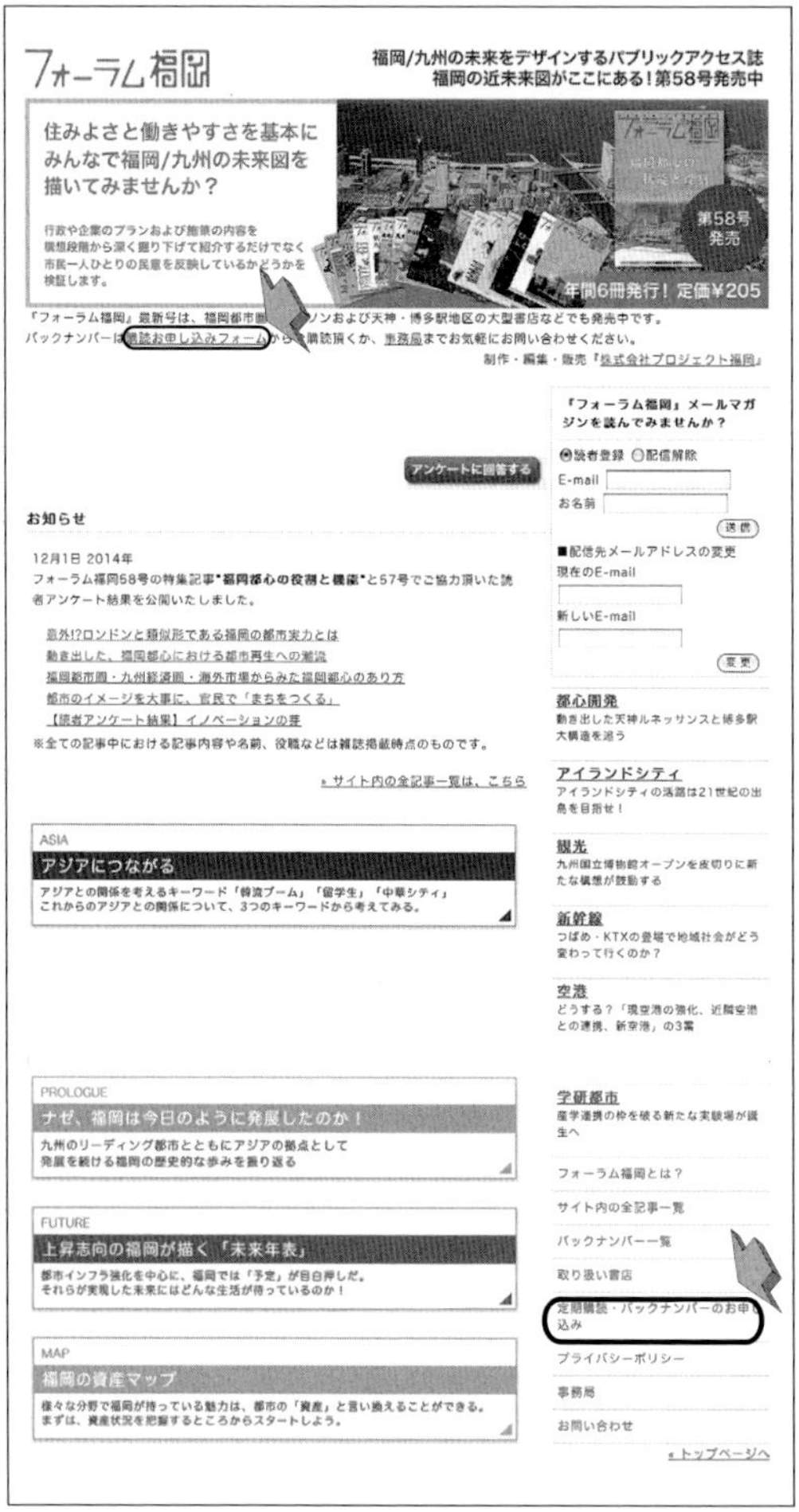

ネットでの注文方法

http://www.forum-fukuoka.com/

インターネットでの注文方法

↓

『フォーラム福岡』でネット検索

↓

『フォーラム福岡』サイトのトップページに購読申し込みフォームあり

↓

購読申し込みフォームからご希望の《テーマ別》、もしくは個別のバックナンバーの注文が可能

↓

必要項目を購読申し込みフォーム上で記入して、注文メールを送信

↓

折り返し注文の確認メールが届き、手続き完了！

AXでの注文方法 FAX 092-731-7772

注文票にご記入の上、上記まで送信下さい

テーマ別セレクト注文票

注文欄 前頁を参照して選択下さい	□A、□B、□C □D、□E

名前)　　　　　　連絡先)TEL　（　　）

り先) 〒　－

本状をコピーしてお使い下さい！

郵便での注文方法

左記の注文票を郵送される時は下記宛にご投函下さい

〒810-0001
福岡市中央区天神4-1-17
プロジェクト福岡内
フォーラム福岡編集事務局

次号『フォーラム福岡』最終号予告

次号特集

「これからの福岡を担う50人」

（仮称 3月末発行予定）

パブリック・アクセス誌『フォーラム福岡』は今年で、創刊10年を迎えました。これを一区切りに、本号の特集「福岡の近未来」と次号特集「これからの福岡を担う50人」（仮称、3月末発行予定）を特別号とし、休刊することになりました。これまで支えて頂きました行政、企業、大学、そして市民のみな様にこの場を借りて御礼申し上げます。

フォーラム福岡特別号

『福岡の近未来』

取材・編集スタッフ

・神崎公一郎
・正木　寿郎
・近藤　益弘
・渋田　哲也
・光本　宣史

福岡の近未来

フォーラム福岡 特別号（Vol.59）

2015年1月31日　第1版発行

著作・編集　『フォーラム福岡』編集委員会
代表　原　正次（九州経済連合会 顧問）
委員　出口　敦（東京大学大学院新領域創成科学研究科 教授）
委員　坂口光一（九州大学大学院統合新領域学府 教授）
委員　田村　馨（福岡大学商学部 教授）
委員　後藤太一（リージョンワークス合同会社 代表社員）
フォーラム福岡
http://www.forum-fukuoka.com/　E-mail:info@forum-fukuoka.com

発行元（編集事務局）　株式会社プロジェクト福岡
福岡市中央区天神4-1-17　博多天神ビル2階　〒810-0001
TEL092-731-7770　FAX092-731-7772
http://www.project-f.jp/　E-mail:master@project-f.jp

発売元　図書出版　海鳥社
福岡市博多区奈良屋町13-4　〒812-0023
電話：092-272-0120　ファクス：092-272-0121
http://www.kaichosha-f.co.jp/

印刷所　福博綜合印刷株式会社

ISBN978-4-87415-931-6
定価1000円（本体926円＋税）

エンクレストが選ばれる5つの理由

| オリジナルデザイン | セキュリティ | 高い入居率 | 好立地 | トータルサポート |

uality of TOTAL SUPPORT

建築 ＞ 竣工 ＞ 賃貸 ＞ 販売 ＞ 管理 ＞ アフターフォロー

頼と実績と様々なフォロー体制で、入居者様・オーナー様をトータルサポートしています。

株式会社えん

社
10-0041 福岡市中央区大名2-8-22
神偕成ビル6階
L(092)751-8522　FAX(092)751-8521
vw.en-jp.net

東京支店
〒103-0027 東京都中央区日本橋2-3-4
日本橋プラザビル11階
TEL(03)6262-3660　FAX(03)6262-3665
0120-84-8522

エンクレスト 天神西通り店
〒810-0001 福岡市中央区天神2-6-23
ワイ・エス・ケイ天神ビル1階
TEL(092)751-7821　FAX(092)751-7825
www.encrest.jp
0120-52-7821

エンクレスト 博多駅前店
〒812-0011 福岡市博多区博多駅前3-30-1
タイセイビル2階
TEL(092)260-1081　FAX(092)260-1082
www.encrest.jp
0120-94-7821